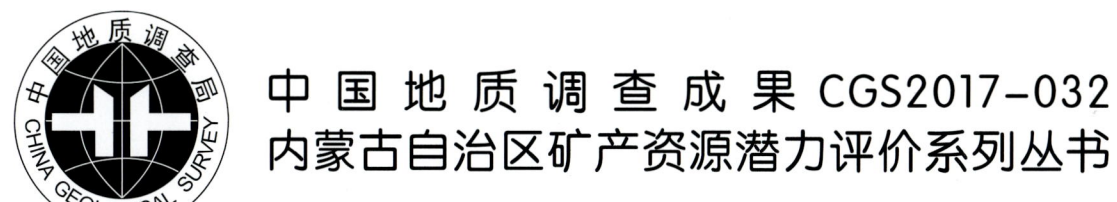 

中国地质调查成果 CGS2017-032
内蒙古自治区矿产资源潜力评价系列丛书

内蒙古自治区大地构造图说明书

NEIMENGGU ZIZHIQU DADI GOUZAOTU SHUOMINGSHU

(1∶150万)

方 曙 等著

中国地质大学出版社
ZHONGGUO DIZHI DAXUE CHUBANSHE

内 容 摘 要

本书以板块构造学理论为指导,以地质建造特征与大地构造相研究为基础,按照大地构造演化阶段对内蒙古不同大地构造位置出露的岩石和岩石组合进行了大地构造环境分析;根据俯冲增生杂岩残片的分布规律和俯冲岩浆效应恢复古大洋以及古俯冲带的发育时间与发育范围;以古板块俯冲带和大型断裂带为主要界线,参考全区重力和航磁测量成果,重新划分了内蒙古大地构造单元;按照板块构造成矿观点将成矿类型分为板块俯冲、板块碰撞和板块伸展3种类型,根据古板块大地构造位置将内蒙古自治区矿产划分为3种成矿类型共计8条成矿带,根据板块碰撞与断裂构造相关性研究,分析了不同时期特别是中生代以来的板块碰撞与区域构造应力场或控矿构造应力场的关系;分析了内蒙古古亚洲洋造山域和古西环太平洋造山域的板块构造活动与弧盆系演化过程。

图书在版编目(CIP)数据

内蒙古自治区大地构造图说明书(1∶150万)/方曙等著. —武汉:中国地质大学出版社,2017.5
(内蒙古自治区矿产资源潜力评价系列丛书)
ISBN 978-7-5625-4047-2

Ⅰ.①内…
Ⅱ.①方…
Ⅲ.①大地构造-地质图-说明书-内蒙古
Ⅳ.①P548.226

中国版本图书馆 CIP 数据核字(2017)第 121535 号

内蒙古自治区大地构造图说明书(1∶150万)　　　　　　方　曙 等著

责任编辑:马　严	选题策划:毕克成　刘桂涛	责任校对:张咏梅
出版发行:中国地质大学出版社(武汉市洪山区鲁磨路388号)		邮政编码:430074
电　话:(027)67883511　　传真:67883580		E-mail:cbb @ cug.edu.cn
经　销:全国新华书店		http://cugp.cug.edu.cn
开本:787毫米×1092毫米 1/8		字数:500千字　　印张:13.5
版次:2017年5月第1版		印次:2017年5月第1次印刷
印刷:武汉中远印务有限公司		印数:1—900册
ISBN 978-7-5625-4047-2		定价:198.00元

如有印装质量问题请与印刷厂联系调换

《内蒙古自治区矿产资源潜力评价》
出版编撰委员会

主　　任：张利平

副 主 任：张　宏　赵保胜　高　华

委　　员：（按姓氏笔画排列）

于跃生　王文龙　王志刚　王博峰　乌　恩　田　力

刘建勋　刘海明　杨文海　杨永宽　李玉洁　李志青

辛　盛　宋　华　张　忠　陈志勇　邵和明　邵积东

武　文　武　健　赵士宝　赵文涛　莫若平　黄建勋

韩雪峰　路宝玲　褚立国

项目负责：许立权　张　彤　陈志勇

总　　编：宋　华　张　宏

副 总 编：许立权　张　彤　陈志勇　赵文涛　苏美霞　吴之理

方　曙　任亦萍　张　青　张　浩　贾金富　陈信民

孙月君　杨继贤　田　俊　杜　刚　孟令伟

内蒙古自治区大地构造图说明书（1∶150万）

编委会

内蒙古西部：

    吴之理　朱绅玉　杨增亮　曹生儒　李文国　刘永生　王　渊　牛建华　周盛德等

内蒙古东部：

    方　曙　于海洋　吴宏乾　林　裕　颜文瑞　李同根等

序

2006年，国土资源部为贯彻落实《国务院关于加强地质工作决定》中提出的"积极开展矿产远景调查评价和综合研究，科学评估区域矿产资源潜力，为科学部署矿产资源勘查提供依据"的精神要求，在全国统一部署了"全国矿产资源潜力评价"项目，"内蒙古自治区矿产资源潜力评价"项目是其子项目之一。

"内蒙古自治区矿产资源潜力评价"项目2006年启动，2013年结束，历时8年，由中国地质调查局和内蒙古自治区政府共同出资完成。为此，内蒙古自治区国土资源厅专门成立了以厅长为组长的项目领导小组和技术委员会，指导监督内蒙古自治区地质调查院、内蒙古自治区地质矿产勘查开发局、内蒙古自治区煤田地质局以及中化地质矿山总局内蒙古自治区地质勘查院等7家地勘单位的各项工作。我作为自治区聘请的国土资源顾问，全程参与了该项目的实施，亲历了内蒙古自治区新老地质工作者对内蒙古自治区地质工作的认真与执着。他们对内蒙古自治区地质的那种探索和不懈追求精神，给我留下了深刻的印象。

为了完成"内蒙古自治区矿产资源潜力评价"项目，先后有270多名地质工作者参与了这项工作，这是继20世纪80年代完成的《内蒙古自治区地质志》《内蒙古自治区矿产总结》之后集区域地质背景、区域成矿规律研究，物探、化探、自然重砂、遥感综合信息研究以及全区矿产预测、数据库建设之大成的又一巨型重大成果。这是内蒙古自治区国土资源厅高度重视，完整的组织保障和坚实的资金支撑的结果，更是内蒙古自治区地质工作者八年辛勤汗水的结晶。

"内蒙古自治区矿产资源潜力评价"项目共完成各类图件万余幅，建立成果数据库数千个，提交结题报告百余份。以板块构造和大陆动力学理论为指导，建立了内蒙古自治区大地构造构架。研究和探讨了内蒙古自治区大地构造演化及其特征，为全区成矿规律的总结和矿产预测奠定了坚实的地质基础。其中提出了"阿拉善地块"归属华北陆块，乌拉山岩群、集宁岩群的时代及其对孔兹岩系归属的认识、索伦山-西拉木伦河断裂厘定为华北板块与西伯利亚板块的界线等，体现了内蒙古自治区地质工作者对内蒙古自治区大地构造演化和地质背景的新认识。项目对内蒙古自治区煤、铁、铝土矿、铜、铅、锌、金、钨、锑、稀土、钼、银、锰、镍、磷、硫、萤石、重晶石、菱镁矿等矿种，划分了矿产预测类型；结合全区重力、磁测、化探、遥感、自然重砂资料的研究应用，分别对其资源潜力进行了科学的潜力评价，预测的资源潜力可信度高。这些数据有力地说明了内蒙古自治区地质找矿潜力巨大，寻找国家急需矿产资源，内蒙古自治区大有可为，成为国家矿产资源的后备基地已具备了坚实的地质基础。同时，也极大地鼓舞了内蒙古自治区地质找矿的信心。

"内蒙古自治区矿产资源潜力评价"是内蒙古自治区第一次大规模对全区重要矿产资源现状及潜力进行摸底评价，不仅汇总整理了原1∶20万相关地质资料，还系统整理补充了近年来1∶5万区域地质调查资料和最新获得的矿产、物化探、遥感等资料。期待着"内蒙古自治区矿产资源潜力评价"项目形成的系统的成果资料在今后的基础地质研究、找矿预测研究、矿产勘查部署、农业土壤污染治理、地质环境治理等诸多方面得到广泛应用。

2017年3月

前 言

内蒙古自治区位于中国北部边疆,自西向东由东西转北东向狭长弧形展布,东西直线距离 2400km,南北跨度 1700km,横跨西北、华北和东北三大区,全区总面积 118.3×10⁴ km²,占中国土地面积的 12.3%,是中国第三大省区。东、南、西依次与黑龙江、吉林、辽宁、河北、山西、陕西、宁夏回族自治区和甘肃八省区毗邻,北与蒙古国、俄罗斯接壤。全区地势较高,海拔最高点贺兰山主峰 3556m,平均海拔高度 1000m 左右,主要山脉有大兴安岭、贺兰山、乌拉山和大青山。东部草原辽阔,西部沙漠广布。已探明矿藏 60 余种,稀土、煤、铅、锌、银等矿产储量巨大。

内蒙古自治区的地质研究工作,最早是在 20 世纪 50 年代初,先后由呼和浩特市大青山地质队和内蒙古自治区巴彦淖尔盟第二地质队等陆续开始 1:100 万的区域地质调查,至 1962 年 1:100 万区域地质调查已覆盖内蒙古自治区全区。之后,原呼和浩特市大青山地质队等改编为内蒙古自治区第一区域地质测量队,从此正式开展内蒙古自治区 1:20 万区域地质调查工作,至 1988 年底,该队先后沿着内蒙古自治区巴彦淖尔盟临河县至大兴安岭西坡共完成 95 个 1:20 万区域地质调查图幅,占全区总图幅(265 幅)的 35.84%。在此期间,随着这项工作的进展,在内蒙古自治区赤峰地区成立了内蒙古自治区第二区域地质调查队,主要在内蒙古东部一带完成 31 幅 1:20 万区域矿产地质调查,约占全区总图幅的 11.70%。即从 1962—1988 年底(1989 年开始 1:5 万区域地质调查),内蒙古自治区第一、第二区域地质调查队共完成 126 幅 1:20 万区域矿产地质调查,占全区总图幅的 47.55%。剩余图幅由于历史的原因分别由邻省地质调查队完成。即内蒙古西部(东经 106°线以西)地区,从 20 世纪 70 年代中期开始,宁夏回族自治区地质局区域地质调查大队完成 19 幅,甘肃省地质局地质力学区域测量队完成 37 幅,共占内蒙古自治区总图幅的 21.13%。内蒙古自治区大兴安岭北部则由黑龙江省第二区域地质调查队完成 30 幅,占全区总面积的 11.32%。此外还有陕西省、山西省、河北省、辽宁省、吉林省区测队与内蒙古自治区接壤处进行了 1:20 万区域地质调查,总计完成 23 幅,占全区总图幅的 8.68%。至 2006 年底,内蒙古自治区共完成 235 个 1:20 万图幅的区域矿产地质调查,其覆盖率占全区总图幅比例的 88.68%。科尔沁沙地和大兴安岭林区部分图幅未进行 1:20 万区域地质调查。

自 1980 年起,内蒙古自治区地质矿产局下属部分地质勘查队和第一、第二区域地质调查队,在 1:20 万区域矿产地质调查资料的基础上,选择成矿有利地段进行少量 1:5 万区域地质调查。1989 年随着我国 1:5 万区域填图新方法的实施,内蒙古自治区 1:5 万区域地质调查正式启动。截至 2006 年底共完成 276 幅 1:5 万区域矿产地质调查项目,占全区覆盖比例的 8.68%。其中内蒙古自治区地矿局第一区调队完成 72 幅,第二区调队完成 47 幅,内蒙古自治区地质调查院完成 15 幅,其他图幅分别由内蒙古自治区第八地质矿产勘查开发院、第一地质矿产勘查开发院、第三地质矿产勘查开发院、中国地质大学、北京大学、天津地质矿产研究所、石家庄经济学院、中国地科院五六二队、地质力学研究所、吉林大学、甘肃省地质局、宁夏回族自治区地质局、西安地质矿产研究所等单位先后完成。

20 世纪 90 年代后期,内蒙古自治区地质矿产勘查开发局第一区域地质调查院和第二区域地质调查院分别在内蒙古地区中部满都拉和东部林西地区完成了 1:5 万区域地质调查片区总结(根据 1:5 万资料缩编 1:25 万地质图),随后因内蒙古地区 1:25 万区域地质调查开始,该项工作终止。

1998 年,内蒙古自治区国土资源厅成立,内蒙古自治区地质调查院也随之成立。原内蒙古自治区地质矿产勘查开发局第一、第二区域地质调查队改编后,内蒙古 1:25 万区域地质调查工作主要由内蒙古自治区地质调查院承担,并先后有黑龙江省地调院、吉林大学、中国地质大学(北京)、中国地质大学(武汉)和沈阳地质矿产研究所及地质科学院地质所,分别在大兴安岭北部、锡林浩特市以及满都拉—白云鄂博—包头地区南部走廊完成29幅1∶25万区域地质调查工作。其覆盖比例为12.67%。

20世纪80年代初,经中国地质矿产部组织并利用1∶100万、1∶20万区域地质矿产调查成果资料和其他地质科研成果资料,由内蒙古自治区地质矿产局编著出版了《内蒙古自治区区域地质志》。这套专著较全面地总结了内蒙古地区20世纪80年代以前各项地质成果和研究成果,并一直指导着内蒙古地区20世纪80年代以后的地质找矿工作。

1986年6月,赵国龙等提交了《大兴安岭中南部火山岩》的专题研究报告,为内蒙古地区东部中生代火山岩的研究奠定了扎实的基础。

20世纪90年代初,中国地质矿产部组织了"全国地层多重划分对比研究(清理)"的系统工程。内蒙古自治区地质矿产局对内蒙古自治区岩石地层进行了清理。这项成果对本次矿产资源潜力评价具有现实的指导作用。

关于内蒙古大地构造方面的研究,始于20世纪30—40年代。李四光(1939)的《中国地质学》、黄汲清(1945)的《中国主要地质构造单位》、中国科学院地质研究所(1959)出版的《中国大地构造纲要》和马杏垣(1961)的《中国大地构造的几个基本问题》等文献中对内蒙古大地构造特征均有重要论述,且极有参考价值。

20世纪70年代初,板块构造理论引入我国,使内蒙古大地构造研究进入了一个新阶段。80年代以后,李春昱、黄汲清等以及中国科学院地质研究所、北京大学、沈阳地质研究所等科研院所和个人先后应用板块理论对内蒙古局部地区的大地构造特征做了大量的研究和论述,均具有重要参考价值,特别是近几年先进的、相对更为精确的同位素测年资料文献的不断出现,给该地区大地构造研究工作注入了新的生机,为内蒙古大地构造研究起到了至关重要的作用。

本书是在2007年开始至2013年8月结束的"全国矿产资源潜力评价-内蒙古自治区矿产资源潜力评价-内蒙古自治区成矿地质背景研究"项目基础上编制的。地质资料主要来源于前面所述的内蒙古地质工作研究成果,引用的资料一般截至2006年,并尽可能地补充了近年来取得的新成果。

"内蒙古自治区矿产资源潜力评价"项目由内蒙古自治区国土资源厅负责,内蒙古自治区地质调查院承担,分别由内蒙古自治区地质矿产勘查开发局、内蒙古自治区地质矿产勘查院、内蒙古自治区第十地质矿产勘查开发院、内蒙古自治区煤田地质局、内蒙古自治区国土资源信息院和中化地质矿山总局内蒙古自治区地质勘查院6家单位参加。内容包括成矿地质背景研究、物探、化探、遥感、自然重砂、成矿规律与矿产预测、综合信息集成等。其中内蒙古自治区成矿地质背景研究由内蒙古自治区地质勘查院和内蒙古自治区第十地质矿产勘查开发院共同完成,前者负责中西部,后者负责东部(大体为内蒙古东四盟市)。

按照"全国矿产资源潜力评价"项目办公室的要求,各省市自治区分别编制各省市自治区1∶50万大地构造图。《1∶50万内蒙古自治区大地构造图》由内蒙古自治区地质矿产勘查院和内蒙古自治区第十地质矿产勘查开发院共同完成。前者负责中西部,后者负责东部,先各自成图并编写说明书,最终两家合作分工拼合成一张图和全区说明书。经全国矿产资源潜力评价专家评审组验收成绩为优。由于图件幅面太大(宽5.2m,高4m),不易做挂图,且由两家拼合的图问题比较多,因此2013年6月23日内蒙古自治区国土资源厅与内蒙古自治区地质调查院、内蒙古自治区地质矿产勘查院和内蒙古自治区第十地质矿产勘查开发院一起协商,决定由内蒙古自治区第十地质矿产勘查开发院负责编制《1∶150万内蒙古自治区大地构造图》。

2013年8月开展编图工作,2014年2月完成图件和说明书初稿,在不断修改后将图和初稿分别送给"全国矿产资源潜力评价"项目办公室地质专家潘桂棠先生和内蒙古自治区地质专家邵济东先生审阅,在得到专家们的意见后对图件和说明书进行了修正。

2014年12月28日,在中国地质调查局天津地质调查中心组织下,在内蒙古自治区地质调查院对《1∶150万内蒙古自治区大地构造图》及其说明书进行了最终验收,验收专家组组长王惠初,成员包括肖庆辉、潘桂棠、邵济东、陈志勇、张宏、刘建勋、王博峰、宋华等,最终验收成绩为优秀。根据验收组提出的意见,验收之后对图件和说明书进行了最终修改,对仍然存在的问题进行了说明。

编　者

2017年3月

目　录

第一章　原则方法与划分方案 ……………………………………… (1)

　第一节　大地构造图编制原则和方法 ……………………………… (1)

　　一、总体原则 ……………………………………………………… (1)

　　二、大地构造分区原则 …………………………………………… (1)

　　三、代号、颜色、花纹 …………………………………………… (2)

　第二节　大地构造相体系(分区)划分方案 ………………………… (2)

　　一、大地构造相体系划分理念及名称概念 ……………………… (2)

　　二、大地构造相体系划分方案 …………………………………… (3)

第二章　大地构造单元划分及特征 …………………………………… (5)

　第一节　大地构造单元划分 ………………………………………… (5)

　第二节　大地构造单元特征 ………………………………………… (5)

　　一、天山-兴蒙造山系 ……………………………………………… (5)

　　二、华北陆块区 …………………………………………………… (13)

　　三、塔里木陆块区 ………………………………………………… (14)

　　四、秦祁昆造山系 ………………………………………………… (15)

第三章　地质建造与大地构造环境 ………………………………… (16)

　第一节　基底杂岩-古弧盆系演化阶段地质建造 ………………… (16)

　　一、古太古代基底杂岩 …………………………………………… (16)

　　二、中太古代、中-新太古代基底杂岩-古弧盆系变质岩 ……… (16)

　　三、新太古代基底杂岩-古弧盆系变质岩 ……………………… (20)

　　四、古元古代古弧盆系变质岩 …………………………………… (23)

　第二节　古亚洲洋洋陆演化阶段地质建造 ………………………… (26)

　　一、中元古代—青白口纪古裂谷-古大洋变质岩 ……………… (26)

　　二、新元古代弧盆系-陆表海地质建造 ………………………… (30)

　　三、寒武纪陆缘裂谷环境地质建造 ……………………………… (32)

　　四、奥陶纪陆表海-弧盆系地质建造 …………………………… (34)

　　五、志留纪—中泥盆世伸展地质建造 …………………………… (37)

　　六、中-晚泥盆世弧盆系地质建造 ……………………………… (39)

　　七、早石炭世陆缘裂谷地质建造 ………………………………… (41)

　　八、晚石炭世俯冲-碰撞-裂谷-大洋地质建造 ………………… (41)

　　九、早二叠世后造山-大洋地质建造 …………………………… (45)

　　十、中二叠世弧盆系地质建造 …………………………………… (45)

　　十一、晚二叠世—中三叠世后碰撞地质建造 …………………… (49)

　第三节　陆内演化及中国东部造山裂谷系演化阶段地质建造 …… (51)

　　一、晚三叠世陆缘弧-碰撞-后造山地质建造 …………………… (51)

　　二、早侏罗世陆缘弧-后造山地质建造 ………………………… (53)

　　三、中侏罗世陆缘弧-陆缘裂谷-后造山地质建造 …………… (53)

　　四、晚侏罗世陆缘弧-陆缘裂谷地质建造 ……………………… (56)

　　五、早白垩世陆缘弧-大陆裂谷-后造山地质建造 …………… (58)

　　六、晚白垩世后造山地质建造 …………………………………… (60)

　　七、新生代稳定陆块地质建造 …………………………………… (61)

第四章　古板块俯冲带位置厘定 …………………………………… (65)

　第一节　海拉尔小洋盆之俯冲带 …………………………………… (65)

一、哈达图-新林俯冲带 (65)
二、红花尔基-李增碰山俯冲-碰撞带 (68)

第二节 古亚洲洋俯冲带 (69)
一、贺根山-扎兰屯俯冲带 (69)
二、锡林浩特俯冲带 (71)
三、达青牧场俯冲带 (72)
四、西拉木伦俯冲带 (73)
五、温都尔庙-䄉苏沟俯冲带 (73)
六、恩格尔乌苏俯冲带 (74)
七、甜水井-红石山蛇绿混杂岩带 (75)
八、狼头山-杭乌拉俯冲带 (75)
九、柳园裂谷南侧俯冲带 (75)

第三节 古太平洋俯冲带 (76)
一、古太平洋俯冲-碰撞效应 (76)
二、古太平洋和太平洋俯冲带位置探讨 (76)

第五章 大地构造与矿产 (77)

第一节 成矿带划分及其特征 (77)
一、成矿带划分 (77)
二、成矿带特征 (77)

第二节 板块活动与成矿 (80)

一、板块俯冲与成矿 (80)
二、板块碰撞与成矿 (80)
三、板块伸展与成矿 (81)

第六章 内蒙古大地构造演化史 (82)

第一节 前南华纪古弧盆系-陆核形成发展阶段 (82)
一、太古宙—古元古代古弧盆系-陆核形成发展阶段 (82)
二、中元古代至新元古代早期(青白口纪)裂谷-大洋扩张阶段 (83)

第二节 南华纪—中三叠世古亚洲洋洋陆演化 (83)
一、南华纪—早石炭世"早期古亚洲洋"演化 (83)
二、晚石炭世—中三叠世"晚期古亚洲洋"演化 (87)

第三节 晚三叠世以来陆内演化阶段 (90)
一、晚三叠世—白垩纪构造旋回特征 (90)
二、古近纪—第四纪构造旋回特征 (92)

第七章 结语 (93)
一、主要研究成果 (93)
二、主要问题说明 (94)
三、致谢 (95)

主要参考文献 (96)

第一章 原则方法与划分方案

第一节 大地构造图编制原则和方法

一、总体原则

(1)以全国矿产资源潜力评价"技术要求"为指导,以本次1∶50万内蒙古自治区大地构造图为基础,参考内蒙古自治区范围内1∶25万建造构造图和近年来科技论文及专著成果资料,重新编制具有岩石地层花纹的1∶150万内蒙古自治区地质图,图中尽量保留所有1∶50万大地构造图中亚相单元,在此基础上编制1∶150万内蒙古自治区大地构造图。

(2)参考本次1∶250万全国大地构造图、1∶150万东北大区大地构造图和1∶150万华北大区大地构造图中大地构造分区划分方案,综合考虑,对本区进行合理修改。

(3)分析研究内蒙古地质构造格架,把规模大的、造成地质体整体位移而作为大地构造分区界线的断裂带表示出来,并分析断裂位移方向和位移距离,判断断裂带两侧地质体的对应关系。如北东东走向(70°)展布的阿尔金断裂带延伸到本区,是北山弧盆系与哈日博日格弧盆系的分界线,它造成两侧地质体的大规模左行位移,研究显示其水平断距可达400km左右(许志琴,1999;任麦收,2003;崔玲玲,2010)。

(4)俯冲带的圈划,在注重俯冲增生杂岩(洋壳残片、蛇绿混杂岩、构造混杂岩、蓝片岩构造混杂岩、变质增生杂岩、弧前断褶带等)出露的同时,还要侧重俯冲效应的研究——根据俯冲带上盘发育岛弧-陆缘弧火山岩和侵入岩的岩石特征、岩石地球化学反映出的大地构造环境属性、发育规模等判断俯冲带活动时间、规模、次数等。

(5)注重沉积岩、火山岩、侵入岩、变质岩、构造岩、构造形迹与板块构造演化阶段的对比研究。一般情况下,同一阶段、同一大地构造环境之下的各种建造和构造具有不矛盾的、相互印证的大地构造属性。

(6)注意同一大地构造阶段、不同大地构造地域、不同构造线方向的大地构造属性存在差异。如东北大兴安岭北东走向的构造线在晚三叠世早期多次处于俯冲、挤压碰撞环境时,岩石强烈褶皱和普遍变质,而在西部的北山弧盆系之中北西西走向的构造线则发育相对较弱的俯冲挤压作用和较弱的变质变形。

(7)利用近年来新的、更加精确的同位素测年方法(如锆石U-Pb SHRIMP法)测得的同位素年龄资料修正一些岩石的地质时代,使大地构造演化分析更加合理。

(8)利用本次"内蒙古自治区矿产资源潜力评价"之全区物探成果资料——1∶50万布格重力异常图、1∶50万剩余重力异常图和1∶50万航磁异常图与大地构造分区进行比对,对部分覆盖区难以确定的大地构造分区界线进行了修正,如被沙漠覆盖的贺兰山被动陆缘盆地(Ⅱ-2-1)西部北西缘界线的确定即参考了重力和航磁异常特征(参见《1∶150万内蒙古自治区大地构造图》右下角图)。

二、大地构造分区原则

(1)图面上可以表达出一级、二级和三级大地构造分区,分别表达的是优势大地构造相系、优势大相和优势相。

(2)分区所表达的是优势大地构造相系、大相或相既包含了大地构造名称所表达的大地构造环境,也包含了之前的和之后的多种大地构造环境,同时,可能又不能完全包含该名称所表达的大地构造环境。如锡林浩特岩浆弧是指早二叠世末期—中二叠世初期古亚洲洋在达青牧场俯冲带向北西俯冲造成的俯冲岩浆效应(岛弧火山岩的喷发和TTG花岗岩组合的侵入),而该带又是贺根山-扎兰屯俯冲带在新元古代—早石炭世末期多次俯冲造成的俯冲增生杂岩带,该带的中东部还是晚三叠世以来环太平洋陆缘弧的组成部分,同时锡林浩特岩浆弧又不能完全包含早二叠世末期古亚洲洋向北西俯冲造成的岩浆弧,该弧向北东延伸到了东乌旗-多宝山岛弧北东部和海拉尔-呼玛弧后盆地北东部。一些大地构造单元具备两个优势大地构造相,如阿拉善右旗基底杂岩带(Ar_2—Pt_1),也可以称为阿拉善右旗陆缘裂谷

(Pt_2)，表明这一地带在不同时期具有不同的大地构造相。

(3) 四级大地构造表达的是大地构造亚相，是按照不同成因建造(如沉积岩、火山岩、侵入岩、变质岩和构造岩)、不同大地构造演化阶段和不同大地构造位置分别在地质体上标注的，表示的单元繁多，各种不同时代的亚相交织在一起。大地构造图作为一种指导性图件，强行有选择、有割舍地圈划四级大地构造单元已经没有太多意义，图面上只是在出露范围内用颜色和代号表达，不进行圈划。

(4) 五级大地构造表达的是岩石和岩石组合，图面上用花纹表达。

三、代号、颜色、花纹

(一)代号

(1) 本次编制的内蒙古自治区大地构造图，大地构造单元代号编码自成体系，与以前版本的内蒙古自治区大地构造图和本次的全国1∶250万大地构造图中大地构造单元代号编码没有关系。

(2) 四级大地构造单元图面上为分散圈划的单独地质体，用字母代号表示，前面为大地构造亚相代号，后面括弧内为岩石单位代号，如陆缘弧(上侏罗统玛尼吐组)表示为lyh(J_3mn)。

(二)颜色

(1) 三级大地构造分区颜色用2012年7月27日全国成矿地质背景研究汇总组关于1∶250万中国大地构造图编图技术方案多媒体中规定的颜色上图(只用于大地构造单元划分图，主图没有叠加该色)。

(2) 四级大地构造分区颜色，根据不同建造类型(沉积岩、火山岩、侵入岩、变质岩、构造混杂岩)、不同时代地质单元，按照《1∶5万地质图用色标准及用色原则》(DZ/T 0179—1997)上图。

(三)花纹

图中地质体岩性花纹主体参考《1∶5万中华人民共和国区域地质图图例》(GB 958—99)中的花纹简化示意表达，其中，沉积岩、海相火山岩按产状划层线，符号朝向上层面；侵入岩、变质岩和陆相火山岩符号朝向图上方。

第二节 大地构造相体系(分区)划分方案

一、大地构造相体系划分理念及名称概念

1. 大地构造相

大地构造相是指地壳在一定地质历史时期和一定区域范围形成的各种地质建造及构造所反映出的(相同或协调一致的)大地构造环境，即一定时空坐标上定格了的大地构造环境。如满都拉-达青牧场俯冲增生带在早二叠世末期至中二叠世发育了俯冲增生杂岩相的蛇绿混杂岩，反映出俯冲环境；在该俯冲带上盘的锡林浩特岩浆弧之中，于中二叠世侵入了岛弧相的TTG组合、喷发了岛弧相的玄武岩-安山岩-流纹岩组合(P_2ds)以及沉积了弧背盆地相的碎屑岩建造(P_2zs)，这些建造或组合具有相互协调和相互印证的大地构造(相)属性，皆反映俯冲活动的存在。

2. 大地构造环境

大地构造环境是指在一定区域范围内反映板块构造演化阶段和位置的板块构造环境。环境因素包括建造和构造形成时该处地壳性质(如大洋、岛弧、弧后盆地、俯冲带和断陷盆地等)、岩石地球化学特征和区域构造应力状态等。按照板块大地构造演化阶段和位置划分了6种环境——板块俯冲(俯冲增生带、岛弧-陆缘弧、弧后盆地等)、碰撞(同碰撞、后碰撞)、陆缘裂谷(俯冲后伸展)、陆内裂谷(后造山)、稳定陆块和大洋(洋中脊、洋壳、海山等)等。其中稳定陆块和陆内裂谷(板内伸展、后造山)属于陆块区范畴；板块俯冲(增生带、岛弧、陆缘弧、弧后盆地等)和碰撞(同碰撞、后碰撞)属于造山带范畴；陆缘裂谷(俯冲后伸展)位于过渡带，既属于陆块区范畴，又属于造山带范畴；大洋(洋壳、洋中脊)形成于稳定陆块时期，理应与稳定陆块并列，但陆内的残余洋壳碎片形成于板块俯冲时期，因而将其归入造山带范畴。

3. 俯冲效应和碰撞效应

俯冲效应是指地壳(多指洋壳)俯冲活动造成的建造和构造效果，包括俯冲侵入效应(如TTG组合、GG组合等岩浆岩侵入)、俯冲火山效应(如安山岩-英安岩-流纹岩组合、高镁安山岩组合等火山岩喷发)、俯冲沉积效应(如弧背盆地、弧后盆地等沉积)、俯冲变质效应(如双变质带)、俯冲构造效应(如弧间裂谷、弧后裂谷等构造活动)和俯冲成矿效应[俯冲体携带(含硫、含钠)海水下冲，伴随温度升高，在俯冲带上盘造成岩浆-气液成矿活动，形成火山-热液型、斑岩型和海底喷流型等矿床]等。

碰撞效应是指地壳俯冲活动末期板块发生碰撞造成的建造和构造效果。包括碰撞侵入

效应(如强过铝花岗岩组合、高钾和碱玄质花岗岩组合等侵入岩侵入)、碰撞火山效应(如强过铝火山岩组合、高钾和碱玄质火山岩组合等火山岩喷发)、碰撞沉积效应(如压陷盆地、周缘前陆盆地和残余盆地等沉积)、碰撞变质效应(如区域热动力变质)、碰撞构造效应(如褶皱造山、逆冲断层、韧性变形带以及陆内张扭性断层)和碰撞成矿效应(如碰撞造成裂隙式热液成矿)等。

另外,稳定陆块、后造山、陆缘裂谷等大地构造环境皆有它们各自的多种"效应"。

大地构造相研究主要依靠各类建造组合、构造形迹和成矿特征的资料,根据俯冲或碰撞等板块活动产生的俯冲效应或碰撞效应反推不同地质时期的大地构造环境。

4. 大地构造相体系

大地构造相体系从大到小由相系、大相、相、亚相和岩石组合5个级别构成。其中岩石组合为大地构造相体系的基本单位。

5. 陆块区

陆块区为大地构造相体系一级单位(相系)之一,指大陆之中具有古老变质基底和巨厚沉积盖层的相对稳定地块。由多个二级陆块大相构成。

6. 造山系

造山系为大地构造相体系的一级单位(相系)之一,指大陆之中陆块区之间经历了洋-陆转换并遭受了强烈变形变质的地带。包括板块对接带、弧盆系和地块大相。

7. 叠加造山裂谷系

叠加造山裂谷系为大地构造相体系的一级单位(相系)之一,特指中国东部晚三叠世以来,由于受古太平洋板块俯冲作用,叠加在中国东部陆块区和造山系之上的陆缘弧-陆缘裂谷地带。

8. 陆块

陆块为大地构造相体系的二级单位(大相)之一,指陆块区之中一定大地构造范围内出露的具有前南华纪基底的地质块体。包括三级的基底杂岩、古弧盆系、古裂谷、被动陆缘、陆表海盆地、碳酸盐岩台地、裂谷盆地、陆内盆地和陆内岩浆杂岩9个相。

9. 对接带

对接带为大地构造相体系的二级单位(大相)之一,指被大洋隔开的两个大陆相互接近,在经历了多次大洋俯冲、陆壳增生并最终碰撞拼接在一起之间的结合带。对接带包括单向俯冲对接带和双向俯冲对接带。

单向俯冲对接带指大洋连着一侧大陆向另一侧大陆俯冲并最后大陆碰撞对接形成的结合带。一般在仰冲盘形成弧前断褶带,在俯冲盘一侧形成增生楔和周缘前陆盆地。

双向俯冲对接带是指两个大陆相互接近,其间的大洋双向俯冲并最后碰撞对接形成的结合带。由于大陆边界并非直线,未遭受碰撞的区域形成残余盆地。伴随俯冲上盘火山弧的火山喷发的同时,在持续的挤压应力作用下,残余盆地和增生楔之中张剪裂隙亦强烈发育,造成具有复合属性(大洋+增生楔+后碰撞)火山岩(本说明书称残余盆地火山岩)浆沿裂隙喷发。

10. 弧盆系

弧盆系为大地构造相体系的二级单位(大相)之一,指位于洋陆过渡地带由大洋岩石圈多次俯冲-陆缘裂隙、最终俯冲碰撞而形成的多个大地构造相单元组合体,由一系列岩浆弧(岛弧、陆缘弧、洋内弧)、俯冲带和弧前、弧后、弧背、弧间盆地等组成。

11. 地块

地块为大地构造相体系的二级单位(大相)之一,指卷入造山带之中的陆块。

12. 残余盆地和周缘前陆盆地的区别

(1)《全国矿产资源潜力评价技术要求》定义残余盆地为"在洋陆转换时期,位于结合带靠陆一侧并与前陆盆地同步发育的以浊积岩建造为主的盆地。它往往受不规则状大陆边缘所控制,部分结点部位已转化为早期复理石前陆盆地,而部分海湾部位仍为残留洋(海)盆所占据,并发育大型海底浊积扇。沉积相序通常是盆地底部为深水相,向上变浅,充填消亡。

本书的"残余盆地"是在此定义的基础上,特指双向俯冲结合带形成的盆地而区别于"周缘前陆盆地"。

(2)《全国矿产资源潜力评价技术要求》定义:"前陆盆地是指位于造山带与毗邻的克拉通(陆块)之间的沉积盆地",是由于"陆块边缘俯冲作用的牵引力、上叠陆块仰冲作用的冲断负荷力或者岩石圈挠曲形成前陆盆地"。前陆盆地分为周缘前陆盆地和弧后前陆盆地。前陆盆地形成与碰撞造山同步,它们往往受仰冲板块运动前部的推挤和叠覆的影响,多数发生变形与位移,沉积楔形体发生滑脱,逆冲推覆、断裂与褶皱发育形成前陆褶冲带。常发育台阶状断层、断层传播褶皱、断层转折褶皱等,形成总体有序、局部无序、破碎支解的地层层序。

从前陆褶冲带至稳定克拉通,保存完整的前陆盆地相还可划分出4个构造岩相带:楔顶带及其下覆前渊带、前隆带及隆后沉积带。

本书的"周缘前陆盆地"是在此定义基础上,特指单向俯冲结合带形成的盆地而区别于"残余盆地"。单向俯冲碰撞对接时,在仰冲盘形成弧前断褶带,在俯冲盘一侧形成增生楔和周缘前陆盆地。

二、大地构造相体系划分方案

大地构造相体系分为5个级别,一至四级大地构造相体系划分见表1-1(主要参考《全国矿产资源潜力评价技术要求》中大地构造相体系划分方案,笔者进行了部分修改)。

表 1-1 大地构造相体系划分方案

相系	大相	相	代号	亚相	代号	建造性质
陆块区	陆块	1) 基底杂岩	JD	(1) 太古宙陆核	lh	变质岩
				(2) 元古宙陆核(中深变质杂岩)	lh	
		2) 古弧盆系	GHP	(3) 古岩浆弧(古岛弧、古陆缘弧)	gyjh(gdh、glyh)	
				(4) 古弧后盆地	ghhp	
				(5) 古弧间盆地	ghjp	
		3) 古裂谷	GLG	(6) 古裂谷	glg	
		4) 被动陆缘	BDLY	(7) 陆棚碎屑岩	lpsx	沉积岩
				(8) 外陆棚	wlp	
				(9) 陆缘斜坡	lyxp	
		5) 陆表海盆地	LBH	(10) 碳酸盐岩陆表海	tslb	
				(11) 碎屑岩陆表海	sxlb	
				(12) 海陆交互陆表海	hljh	
		6) 碳酸盐岩台地	TSTD	(13) 台地	td	
				(14) 台地斜坡	tdxp	
				(15) 台盆	tp	
		7) 裂谷盆地	LG	(16) 陆内裂谷(初始裂谷)	lnlg	
				(17) 陆缘裂谷	lylg	
				(18) 夭折裂谷(拗拉谷)	yzlg	
		8) 陆内盆地	LNPD	(19) 压陷盆地	yxpd	
				(20) 断陷盆地	dxpd	
				(21) 坳陷盆地	oxpd	
				(22) 走滑(拉分)盆地	zhpd	
		9) 陆内岩浆杂岩	LNY	(23) 稳定陆块	wdlk	火山岩+侵入岩
				(24) 后造山	hzs	
造山系	对接带	10) 俯冲带	FCD	(25) 蛇绿混杂岩带	oφm	构造岩
				(26) 构造混杂岩带	Tmlg	
				(27) 蓝片混杂岩带	gmlg	
				(28) 蓝片蛇绿混杂岩带	goφm	
				(29) 变质增生杂岩带	Mc	
				(30) 弧前断褶带	hqdz	
				(31) 弧前蛇绿断褶带	hqoφ	
		11) 残余盆地	CYPD	(32) 残余盆地	cypd	沉积岩
		12) 周缘前陆盆地	ZYQL	(33) 楔顶盆地	xd	
				(34) 前渊盆地	qy	
				(35) 前陆隆起	qll	
				(36) 隆后盆地	lhp	
		13) 大洋	DY	(37) 洋壳(残片)	yq	火山岩+沉积岩
	弧盆系	14) 俯冲带	FCD	参照板块对接带中俯冲带划分		构造岩
		17) 岩浆弧(岛弧)	YJH(DH)	(38) 岛弧	dh	火山岩+侵入岩
				(39) 陆缘弧	lyh	
				(40) 洋内弧	ynh	
				(41) 弧间裂谷	hjlg(hqlg)	火山岩+沉积岩
				(42) 弧背盆地	hbpd	
				(43) 弧盖层	hgc	
				(44) 碰撞(同碰撞、后碰撞)	pz(tpz、hpz)	火山岩+侵入岩
				(45) 陆缘裂谷(俯冲后伸展)	Lylg(fcsz)	
		15) 弧前盆地	HQPD	(46) 弧前裂谷	hqlg	火山岩+沉积岩
				(47) 弧前陆坡盆地	hqlp	
				(48) 弧前构造高地	hqgd	
		16) 弧后盆地	HHPD	(49) 弧后盆地	hhpd	
	地块	参照陆块划分				变质岩+x

注: ①笔者在原划分方案的基础上增加了"建造性质"一列,明确了不同大地构造相所属或包含的建造大类; ②把"蛇绿混杂岩、构造混杂岩"等俯冲增生杂岩作为"构造岩"分离出来; ③前后顺序作了微调。

第二章 大地构造单元划分及特征

第一节 大地构造单元划分

大地构造单元划分级别对应于大地构造相划分级别。大地构造相分为相系、大相、相、亚相和岩石组合5个级别,对应于大地构造单元分别为一级、二级、三级、四级和五级。1∶150万大地构造图图面上只能表达出一级、二级和三级大地构造单元,分别表达的是优势大地构造相系、优势大地构造大相和优势大地构造相。四级大地构造单元表达的是大地构造亚相,是按照不同成因建造、不同大地构造演化阶段和不同大地构造位置分别在地质体上标注的。五级大地构造单元表达的是岩石和岩石组合,图面上用花纹表达。

内蒙古划分为4个一级、10个二级和29个三级大地构造单元。一级大地构造单元包括天山-兴蒙造山系(Ⅰ)、华北陆块区(Ⅱ)、塔里木陆块区(Ⅲ)和秦祁昆造山系(Ⅳ)。其中天山-兴蒙造山系分为6个二级构造单元,分别为大兴安岭弧盆系(Ⅰ-1)、索伦-扎鲁特旗结合带(Ⅰ-2)、温都尔庙弧盆系(Ⅰ-3)、哈日博日格弧盆系(Ⅰ-4)、北山弧盆系(Ⅰ-5)和松辽盆地(Ⅰ-6);华北陆块区分为两个二级构造单元,分别为阴山-冀北陆块(Ⅱ-1)和鄂尔多斯陆块(Ⅱ-2);塔里木陆块区包括敦煌陆块(Ⅲ-1)和阿拉善陆块(Ⅲ-2);秦祁昆造山系仅在西南角有少量出露,只有一个二级构造单元——北祁连弧盆系(Ⅳ-1)。大地构造单元详细划分见图2-1。

第二节 大地构造单元特征

一、天山-兴蒙造山系

天山-兴蒙造山系(Ⅰ)位于中朝板块与西伯利亚板块之间,属于中亚-蒙古构造带的一部分。该造山系在内蒙古境内被中生代、新生代阿尔金断裂和吉兰泰断裂分为3段(图2-1)。

天山-兴蒙造山系源于古亚洲洋的洋陆演化。在陆壳拉开成洋—大洋增宽,到洋陆挤压俯冲成沟弧—碰撞陆缘增生成陆的复杂演化过程中,完成了古亚洲洋由洋到陆的转变。

古太古代—古元古代古弧盆系-基底杂岩相变质岩在该造山系内出露范围不大,出露在弧盆系之岛弧(或岩浆弧)之内,如中—新太古代古岛弧长英质片麻岩($gnAr_{2-3}$)和大理岩片麻岩(mAr_{2-3})出露在北山弧盆系圆包山岩浆弧和白石山头-木吉湖岩浆弧以及哈日博日格弧盆系巴彦毛道岩浆弧之中;新太古代色尔腾山岩群柳树沟岩组(Ar_3l)出露在哈日博日格弧盆系巴彦毛道岩浆弧之中;新太古代花岗质片麻岩(gn^mAr_3)、变质基性岩墙群($MbdAr_3$)和建平岩群(Ar_3J)出露在温都尔庙弧盆系镶黄旗-敖汉旗陆缘弧之中;古元古代兴华渡口群(Pt_1X)出露在大兴安岭弧盆系额尔古纳岛弧和东乌珠穆沁旗-多宝山岛弧之中;古元古代风水山片麻岩($FgnPt_1$)出露在大兴安岭弧盆系额尔古纳岛弧之中;古元古代宝音图岩群($Pt_1B.$)出露在温都尔庙弧盆系敖仑尚达-翁牛特旗岩浆弧和镶黄旗-敖汉旗陆缘弧之中;古元古代北山岩群($Pt_1Bs.$)出露在北山弧盆系圆包山岩浆弧和哈日博日格弧盆系巴彦毛道岩浆弧之中等。这些变质岩变质程度达到角闪岩相-麻粒岩相,原岩为岛弧或陆缘弧环境火山-沉积岩,大地构造相为古弧盆系相-基底杂岩相。这些基底杂岩构成了陆块或大洋之中的岛屿,为后来大洋俯冲成弧奠定了基础,并进一步发展为陆地。

中元古代—新元古代青白口纪处于伸展环境,发育了陆棚-深海洋壳性质的沉积岩、火山-沉积岩和陆缘裂谷-洋壳性质的基性—超基性岩,部分基性—超基性岩与洋壳火山-沉积岩伴生构成残余洋壳。残余洋壳主要出露于俯冲增生杂岩带之中。如狼头山-杭乌拉俯冲增生杂岩带及南侧柳园裂谷中出露陆棚环境硅质岩的古硐井群(Pt_1G)和发育碧玉岩的园藻山组($Pt_{2-3}y$)、贺根山-扎兰屯俯冲增生杂岩带与锡林浩特俯冲增生杂岩带西部出露洋壳性质的桑达来呼都格组(Pt_2s)和哈尔哈达组(Pt_2h)以及基性—超基性岩,反映出中元古代古亚洲洋的存在和扩展;温都尔庙-套苏沟俯冲增生杂岩带出露洋壳性质的桑达来呼都格组(Pt_2s)、哈尔哈达组(Pt_2h)和基性—超基性岩以及大洋斜长花岗岩,反映出华北陆块区北侧巴彦查干至温都尔庙一带为小洋盆的存在或者为南部古亚洲洋的体现;哈达图-新林俯冲增

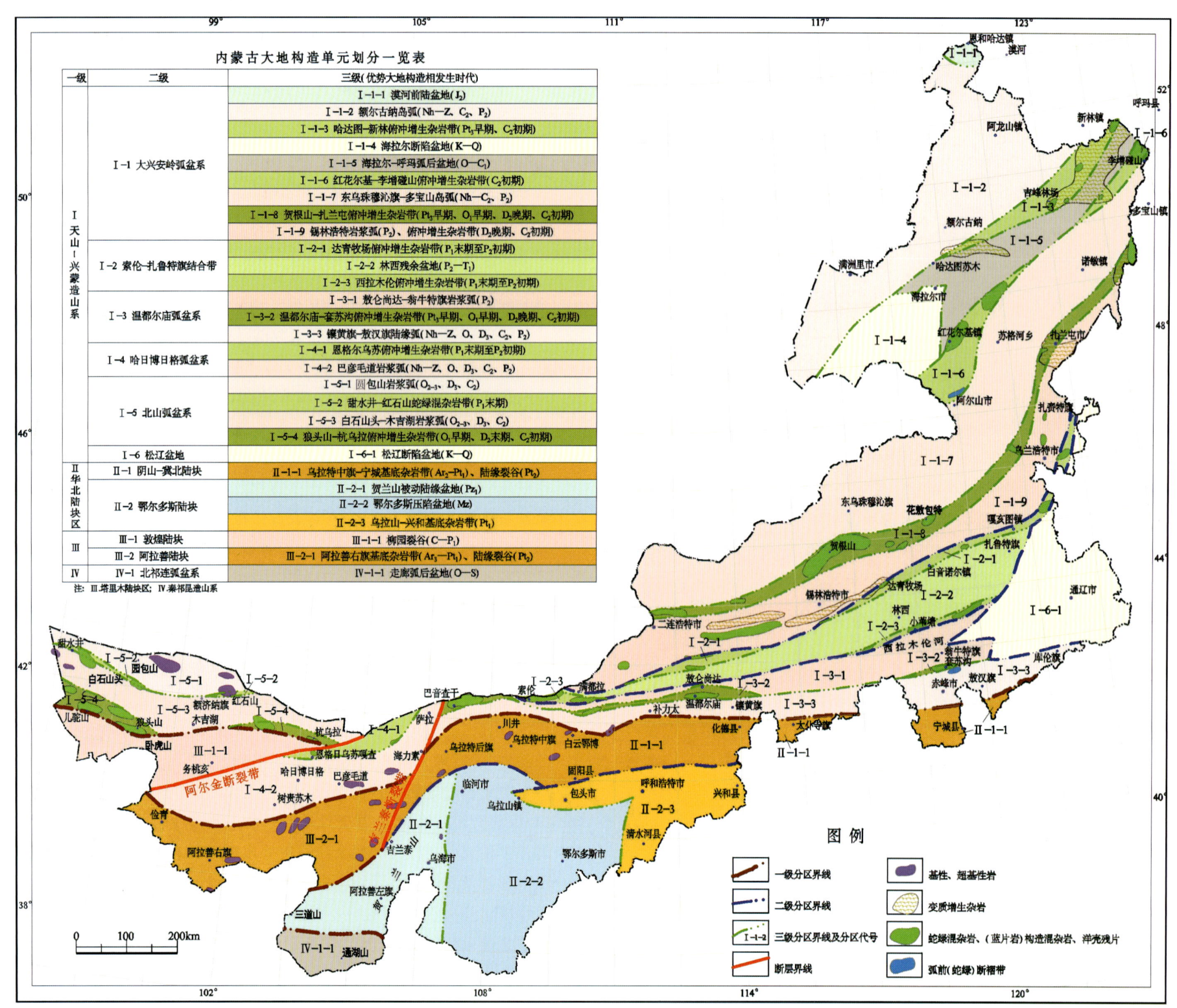

图 2-1 内蒙古大地构造单元划分图

生杂岩带和红花尔基-李增碰山蓝片构造混杂岩带之中出露的中元古代角闪辉石岩、辉石角闪岩、科马提岩等基性—超基性岩反映出中元古代古亚洲洋北侧海拉尔小洋盆的发育,同时由于伸展的大地构造环境,在弧盆系之中地块之内有裂谷性质基性—超基性岩侵入。

新元古代青白口纪晚期为挤压收缩环境,古亚洲洋在贺根山-扎兰屯一带向北俯冲,造成其北西侧在南华纪—震旦纪发育岛弧-陆缘裂谷性质的佳疙瘩组(Nhj)、额尔古纳河组(Ze)、吉祥沟组(Zj)和大网子组(Zd)火山-沉积岩以及岛弧性质的类TTG组合侵入岩;海拉尔小洋盆在哈达图—新林一带向北西俯冲,造成其北西侧额尔古纳岛弧之中发育陆缘弧性质的佳疙瘩组(Nhj)、额尔古纳河组(Ze)和大网子组(Zd)火山-沉积岩和GG组合侵入岩;同期,古亚洲洋南部或者说华北陆块区北侧小洋盆壳向南俯冲,在镶黄旗-敖汉旗陆缘弧和华北陆块区西部北缘有新元古代TTG组合花岗岩侵入。

寒武纪为相对稳定的环境,在天山-兴蒙造山系边部及岛弧内残留有少量的陆表海沉积岩。如在北山弧盆系南缘出露下寒武统双鹰山组($\epsilon_1 s$)和中寒武统—下奥陶统西双鹰山组[($\epsilon_2 - O_1)s$],温都尔庙弧盆系南缘出露上寒武统锦山组($\epsilon_3 j$),东乌珠穆沁旗-多宝山岛弧中部出露下寒武统苏中组($\epsilon_1 sz$),皆为碎屑岩陆表海-碳酸盐岩陆表海沉积。

奥陶纪在北山弧盆系和大兴安岭弧盆系发育大量的海相岛弧火山-沉积岩和岛弧侵入岩,反映出早奥陶世早期古亚洲洋在狼头山-杭乌拉俯冲带和贺根山-扎兰屯俯冲带向北西方向大规模的俯冲活动,同时南部的华北陆块区北侧小洋盆亦存在小规模的向南俯冲。古亚洲洋的俯冲活动自中东部开始逐渐向西发展,首先早奥陶世早期古亚洲洋中东部发生俯冲,于东乌珠穆沁旗-多宝山岛弧之中发育下-中奥陶统多宝山组($O_{1-2}d$)等岛弧火山-沉积岩和中奥陶世TTG组合花岗岩;随后华北陆块区北侧小洋盆向南俯冲活动,在镶黄旗-敖汉旗陆缘弧之中发育下-中奥陶统哈拉组($O_{1-2}h$)和白乃庙组($O_{1-2}bn$)等岛弧火山-沉积岩和中-晚奥陶世TTG组合花岗岩;古亚洲洋西部俯冲略晚一些,在北山弧盆系发育有中-上奥陶统咸水湖组($O_{2-3}x$)等岛弧火山-沉积岩。晚奥陶世内蒙古中部古亚洲洋北缘(贺根山一带)出现过构造热事件(孙立新,2013),间接反映出古亚洲洋在晚奥陶世的俯冲碰撞作用。

志留纪至中泥盆世,古亚洲洋造山域处于伸展环境。①在狼头山-杭乌拉俯冲增生杂岩带、贺根山-扎兰屯俯冲增生杂岩带以及海拉尔-呼玛弧后盆地之中出露大量洋壳性质的泥盆纪(或中-晚泥盆世)基性—超基性岩,反映出在泥盆纪(或中-晚泥盆世)古亚洲洋及旁侧小洋盆的再次增生。②北山弧盆系和温都尔庙弧盆系东部分别出露中志留统公婆泉组(S_2g)海相玄武岩-英安岩-粗面岩-流纹岩组合、下-中泥盆统雀儿山组($D_{1-2}q$)双峰式火山岩和中志留统八当山火山岩(B_V)酸性火山岩,以及赤峰一带出露的碱性—钙碱性花岗岩组合侵入岩皆反映出具有后造山或陆缘裂谷的大地构造环境。③北山弧盆系和大兴安岭弧盆系中出露志留纪—中泥盆世浅海陆棚-半深海沉积岩,如班定陶勒盖组[($O_2-S_1)b$]、圆包山组(S_1y)、碎石山组(S_1ss)、泥鳅河组($D_{1-2}n$)、塔尔巴格特组(D_2t)及卧驼山组(D_2wt)等,反映出相对稳定的陆缘裂谷环境。

中-晚泥盆世,在北山弧盆系、大兴安岭弧盆系(锡林浩特岩浆弧以北)侵入了大量岛弧-陆缘弧性质的TTG-GG组合花岗岩,在大兴安岭弧盆系东北部喷发了岛弧环境大民山组($D_{2-3}d$)海相玄武岩-安山岩-流纹岩组合火山岩,皆反映出古亚洲洋在中泥盆世晚期再一次向北西俯冲,同时相对应的华北陆块区北缘及北侧边缘侵入了大量岛弧-陆缘弧性质的TTG-GG组合花岗岩,说明该期华北陆块区北侧小洋盆向南俯冲的幅度也比较大。

早石炭世转化为伸展环境。如在北山弧盆系发育下-中石炭统白山组($C_{1-2}b$)具有双峰式火山岩的火山-沉积岩组合;在大兴安岭弧盆系北部发育下石炭统莫尔根河组(C_1m)海相玄武岩-英安岩-粗面岩-流纹岩组合;在镶黄旗-敖汉旗陆缘弧发育下石炭统朝吐沟组(C_1c)双峰式火山岩组合;在贺根山-扎兰屯俯冲增生杂岩带东北部侵入碱长花岗岩和橄榄辉石岩等,皆反映拉张的陆缘裂谷环境。

晚石炭世板块活动较复杂,先后经历了俯冲、碰撞、裂谷-大洋增生等过程。①天山-兴蒙造山系之中具有岛弧-陆缘弧性质的岩浆岩强烈活动。在北山弧盆系、哈日博日格弧盆系、大兴安岭弧盆系和温都尔庙弧盆系以及华北陆块区北缘之中侵入了大量的陆缘弧性质的晚石炭世TTG-GG组合侵入岩;在大兴安岭弧盆系贺根山-扎兰屯俯冲增生杂岩带之中喷发了海相成熟陆缘弧性质的葛根敖包组(C_2g)火山-沉积岩;在东乌珠穆沁旗-多宝山岛弧之中喷发了成熟陆缘弧性质的上石炭统宝力高庙组(C_2bl)陆相火山-沉积岩;在镶黄旗-敖汉旗陆缘弧之中喷发了海相陆缘弧性质的晚石炭世青龙山火山岩。②在贺根山-扎兰屯俯冲增生杂岩带北东部和额尔古纳岛弧之中晚石炭世侵入了同碰撞强过铝花岗岩组合。据上述①和②地质特征分析,在早石炭世末期—晚石炭世早期古亚洲洋发生了向北强烈俯冲直至碰撞事件,其两侧小洋盆亦发生俯冲和碰撞事件。③林西残余盆地两侧晚石炭世为碎屑岩-碳酸盐岩陆表海环境,沉积了本巴图组(C_2bb)碎屑岩和阿木山组(C_2a)碳酸盐岩,在镶黄旗-敖汉旗陆缘弧东部为酒局子组(C_2jj)湖泊泥岩-粉砂组合、石嘴子组(C_2s)海岸沙丘-后滨砂岩组合和白家店组(C_2bj)滨浅海碳酸盐岩组合。④在北山弧盆系、哈日博日格弧盆系和锡林浩特岩浆弧南缘发育了晚石炭世基性—超基性岩,反映出裂谷环境。⑤大兴安岭弧盆系中沉积了新伊根河组(C_2x)海陆交互相碎屑岩建造,其中含安格拉植物化石,反映出该弧盆系已经位移到高纬度地区,间接反映出古亚洲洋的再次拉开。综上所述,晚石炭世古亚洲洋弧盆体系经历了早期收缩俯冲碰撞,大兴安岭弧盆系中北部完全成陆、古亚洲洋基本消失的过程;随后晚石炭世中晚期进入伸展环境,林西一带再次被迅速拉开扩张形成新的古亚洲洋。

早二叠世,继承晚石炭世后期伸展活动,在古亚洲洋北西侧新生陆壳(东乌珠穆沁旗-多宝山岛弧一带)内和南侧华北陆块区北缘侵入了后造山环境碱性—钙碱性花岗岩组合;在达青牧场俯冲增生杂岩带和西拉木伦俯冲增生杂岩带内发育了洋壳性质的基性—超基性岩,反映出早二叠世古亚洲洋的扩张。该期古亚洲洋(相当于索伦-扎鲁特旗结合带)的两侧有浅海相沉积,北侧为寿山沟组(P_1ss)、南侧为三面井组(P_1sm),皆为稳定环境分选较好的陆表海沉积。由于早二叠世的拉张活动,在林西一带生成了新的古亚洲洋。据古地磁研究表明,早二叠世西伯利亚大陆的古纬度大于45°N,靠近极区;而中朝古陆处于10°~20°N,处于低纬度区,两古陆的古地磁极移轨迹曲线亦不相同,说明两古陆之间曾经间隔了一个辽阔的古亚洲海洋。据古地磁推算晚石炭世后期—早二叠世两陆之间新增的海洋距离宽2500~3000km。该时期的古生物分布亦可佐证该历史事实(黄本宏,1983,1987)——据古生物、古气候的研究,中朝古陆晚石炭世—早二叠世为主要成煤期,广泛发育铝土矿;西拉木伦河以南(向东包括朝鲜、日本在内)皆属华夏植物区,大羽羊齿发育,树干化石无年轮,表明为季节不太分明的热带、亚热带雨林植物群;同时发育暖水型太平洋动物群,如长身贝、希瓦格蜓。然而,西拉木伦以北(西伯利亚、蒙古国及我国东北)晚石炭世—早二叠世均属安格拉植物区,安格拉羊齿发育,有冷水型北方动物群,如厚板珊瑚、单通道蜓。以上和古地磁资料相吻合,说明两古陆之间确实存在过一个辽阔的古海洋。

早二叠世末期西伯利亚板块开始折返迅速向南东漂移。根据达青牧场俯冲带以北和西拉木伦俯冲带以南出露的中二叠世岛弧-陆缘弧火山-沉积岩和TTG-GG组合侵入岩的分布分析,古洋壳板块已经分别在早二叠世末期开始向北西和南东俯冲进入了西伯利亚板块和中朝板块之下,在两条俯冲带之间林西一带为发育俯冲增生杂岩带的残余海盆。向西延伸,哈日博日格弧盆系应位于古亚洲洋残余海盆南侧、北山弧盆系和柳园裂谷位于古亚洲洋残余海盆北侧。

中二叠世,古亚洲洋在经历了双向俯冲之后,古亚洲洋壳已不复存在。两条俯冲带之间形成了残余海盆,俯冲带两侧发展为宽阔的陆缘弧,其上发育弧背盆地。岛弧-陆缘弧性质的大石寨组(P_2ds)、额里图组(P_2e)和金塔组(P_2j)火山岩在陆缘弧(及弧背盆地)上以及残余海盆内大面积喷发,之后沉积了巨厚的哲斯组(P_2zs)、于家北沟组(P_2y)和双堡塘组(P_2sb)等浊积岩夹碳酸盐岩组合沉积岩,在陆缘弧内侵入了奥长花岗岩-英云闪长岩-花岗闪长岩(TTG)组合,在远弧的陆内有花岗闪长岩-花岗岩(GG)组合侵入,此时西拉木伦俯冲带以南植物化石组合仍属华夏植物群,而以北则出现了安加拉植物群与华夏植物群混生现象,反映出西伯利亚板块向南仰冲移动,纬度变小。现有资料显示,在东乌珠穆沁旗-多宝山岛弧之中东乌珠穆沁旗北东100多千米的满都胡宝拉格地区"潟湖相环境"地层之中发现了"代表温暖气候的华夏植物群化石"(周志广,2010),其"上部出现红层",根据发现东亚中二叠世特有的植物 Emplectopteris triangularis Halle(三角织羊齿)分析,认为该套地层时代可能为中二叠世晚期(周志广也认为"其可能跨入了中二叠世晚期至晚二叠世早期"),此时该地区已经南移至北纬40多度,为温带气候,出现华夏植物群化石也并不奇怪。中二叠世—晚二叠世,贺根山-扎兰屯俯冲带与西拉木伦俯冲带之间的增生楔仍处浅海环境,增生楔之上沉积了巨厚的火山岩和碎屑岩夹碳酸盐岩沉积物,在沉积过程中,俯冲带有大量含硫气液喷发,形成了古亚洲洋俯冲带海底喷流型成矿带。

晚二叠世至早三叠世,残余海盆以及北侧弧背盆地已逐渐收缩变窄转化为淡水残余盆地,火山活动减弱,沉积了上二叠统林西组(P_3l)、下三叠统哈达陶勒盖组(T_1hd)和老龙头组(T_1ll)后碰撞环境火山-沉积岩。岩浆活动以后碰撞环境高钾-钾玄质花岗岩组合侵入岩为主。

中三叠世中晚期,西伯利亚板块与中朝板块之间强烈收缩碰撞,致使残余盆地和弧背盆地地层褶皱造山,在构造薄弱地带(如原俯冲带之上的盖层)深部发生韧性变形构造。在西拉木伦河北岸双井一带侵入了同碰撞型二云母花岗岩(锆石SHRIMP U-Pb同位素年龄为229.2±4.1Ma和237.5±2.7Ma;李锦轶等,2007)。由此之后,天山-兴蒙造山带完全成陆。

林西残余盆地与两侧的俯冲带构成了索伦-扎鲁特旗结合带,索伦-扎鲁特旗结合带代表着西伯利亚板块与华北板块在中二叠世—中三叠世最后完全拼接时的结合带,是古亚洲洋最终闭合位置。

伴随着西伯利亚板块与中朝板块的强烈碰撞,尾随中朝板块的古太平洋板块由于受到阻挡和惯性作用,致使其西北缘发生俯冲活动。

从晚三叠世至早白垩世断续在大兴安岭至华北陆块区东部一带侵入和喷发陆缘弧-陆缘裂谷性质的岩浆岩及火山岩,形成了大量的陆缘断陷盆地。晚白垩世—新生代为后造山-稳定陆块环境。

(一)大兴安岭弧盆系

大兴安岭弧盆系(I-1)北起额尔古纳岛弧,南至达青牧场俯冲增生杂岩带北西缘,宽500~700km,北东向展布,主要为北西古亚洲洋在中元古代—中三叠世洋陆演化形成的弧盆体系。从北西至南东有漠河前陆盆地、额尔古纳岛弧、哈达图-新林俯冲增生杂岩带、海拉尔断陷盆地、海拉尔-呼玛弧后盆地、红花尔基-李增碰山蓝片构造混杂岩带、东乌珠穆沁旗-多宝山岛弧、贺根山-扎兰屯俯冲增生杂岩带和锡林浩特岩浆弧9个三级构造单元,其中,漠河前陆盆地和海拉尔断陷盆地为中-新生代叠加构造单元。

1. 漠河前陆盆地

漠河前陆盆地(I-1-1)位于大兴安岭弧盆系最北端,是中生代鄂霍次克洋俯冲碰撞形成的周缘前陆盆地楔顶,沉积物主要为中侏罗统新民组(J_2x)冲积扇-辫状河环境碎屑岩,以及早白垩世叠加于前陆盆地上的大磨拐河组(K_1d)沉积。该单元主体发育在东侧的黑龙江省境内(沿用黑龙江省资料)。

2. 额尔古纳岛弧

额尔古纳岛弧(I-1-2)位于大兴安岭弧盆系北部,呈北东向展布,北西与俄罗斯接壤,南东以哈达图-新林俯冲带为界与海拉尔-呼玛弧后盆地相邻。所谓"岛弧"主要指新元古代南华纪—震旦纪海拉尔小洋盆哈达图-新林俯冲带俯冲形成的岛弧(在晚石炭世和中二叠世以及侏罗纪—白垩纪体现为大陆边缘弧特征,其中后者为古太平洋俯冲形成的陆缘弧)。

该岛弧内出露的地质体按形成阶段分为3部分。

1) 结晶基底

古元界兴华渡口群(Pt_1X)绿片岩-(云母)石英片岩-大理岩组合和古元古代风水山片麻岩($FgnPt_1$)岛弧环境钙碱性系列侵入岩,构成结晶基底,出露面积很少。

2) 古亚洲洋演化过程形成的地质体

新元古代岛弧-弧背盆地环境南华系佳疙瘩组(Nhj)火山碎屑浊积岩组合、震旦系额尔古纳河组(Ze)碳酸盐岩浊积岩组合,新元古代岛弧环境辉长岩+花岗闪长岩-花岗岩(GG)组合;下中奥陶统乌宾敖包组($O_{1-2}w$)弧背盆地环境陆表海砾岩、砂岩夹灰岩建造;上志留统卧都河组(S_3w)陆缘裂谷环境滨浅海相碎屑岩建造;下石炭统红水泉组(C_1h)陆内裂谷环境滨海相碎屑岩夹碳酸盐岩建造;上石炭统宝力高庙组(C_2bl)陆缘弧火山岩夹碎屑岩组合(含黄铁矿层)、新伊根河组(C_2x)海陆交互河口湾相砂泥岩夹砾岩组合、晚石炭世陆缘弧GG组合和同碰撞过铝花岗岩组合;中二叠世陆缘弧环境花岗闪长岩-花岗岩(GG)组合和同碰撞强过铝花岗岩组合;早三叠世后碰撞高钾-钾玄质花岗岩组合。

3) 陆内演化—古太平洋演化形成的地质体

古太平洋板块分别在中三叠世末期、中侏罗世末期和早白垩世晚期发生了俯冲作用。形成了早侏罗世陆缘弧环境黑云母二长花岗岩;中侏罗统万宝组(J_2wb)曲流河相砂砾岩-粉砂岩-泥岩组合;塔木兰沟组(J_2tm)陆缘弧中基性火山岩夹碎屑岩组合;中侏罗世花岗闪长岩-花岗岩(GG)组合以及后造山碱性—钙碱性花岗岩组合;上侏罗统—下白垩统满克头鄂博组(J_3mk)、玛尼吐组(J_3mn)和白音高老组(J_3b)陆缘弧酸性—中性—酸性火山岩建造;梅勒图组(K_1m)陆缘裂谷环境玄武粗安岩-粗安岩-粗面岩组合;大磨拐河组(K_1d)河湖相含煤碎屑岩组合;晚侏罗世—早白垩世陆缘弧花岗闪长岩-花岗岩(GG)组合和陆缘裂谷环境碱性—钙碱性花岗岩组合;晚白垩世后造山环境碱性花岗岩组合;中新统呼查山组(N_1hc)河流相砂砾岩-粉砂岩-泥岩组合;上新统五岔沟组(N_2wc)稳定陆块环境大陆溢流玄武岩。

3. 哈达图-新林俯冲增生杂岩带

哈达图-新林俯冲增生杂岩带(Ⅰ-1-3)发育在海拉尔-呼玛弧后盆地与额尔古纳岛弧之间,为海拉尔小洋盆在新元古代早期和晚石炭世早期向北西俯冲形成的增生杂岩带。

在吉峰林场有变质橄榄岩科马提岩、蛇纹岩、角闪石岩和变质玄武岩,成岩时代为中元古代,呈构造岩片产于上石炭统新依根河组内。环宇、环二库的蛇纹岩其原岩为具交代残余结构的变质橄榄岩,成岩时代为中元古代,可能也呈构造岩片,产于震旦系吉祥沟组内。稀顶山为纤维变晶结构的蛇纹岩、辉长岩,产于奥陶系多宝山组,成岩时代不明,与围岩关系有待研究。吉峰林场-稀顶山超基性岩,形成于中元古代洋中脊裂谷,到晚石炭世呈构造岩片侵位于围岩中。

4. 海拉尔断陷盆地、海拉尔-呼玛弧后盆地

海拉尔断陷盆地(Ⅰ-1-4)形成于白垩纪陆缘伸展活动,在前晚三叠世同属于海拉尔-呼玛弧后盆地。

海拉尔-呼玛弧后盆地(Ⅰ-1-5)位于额尔古纳岛弧与东乌珠穆沁旗-多宝山岛弧之间,呈北东向展布,其初始裂开于中元古代,并形成小洋盆,其北侧在南华纪—震旦纪为岛弧环境,反映出新元古代早期小洋盆向北西额尔古纳岛弧之下俯冲。奥陶纪早期由于贺根山—扎兰屯一带大洋俯冲所致使其在奥陶纪转化为弧后盆地,沉积有多宝山组($O_{1-2}d$)弧后盆地环境基性—中酸性火山岩、细碧角斑岩夹砂岩、板岩、灰岩组合,裸河组($O_{2-3}lh$)滨浅海粉砂质、泥质板岩与黄褐色长石石英砂岩互层,微晶灰岩夹板岩、石英砂岩组合,侵入了岛弧性质石英闪长岩;志留纪—中泥盆世为俯冲后伸展浅海环境,沉积有下中泥盆统泥鳅组($D_{1-2}n$)陆缘裂谷相钙质粉砂质板岩夹结晶灰岩、放射虫硅泥质岩、砾岩、含砾长石砂岩夹粉砂质板岩及灰岩透镜体组合。晚泥盆世再次为弧后盆地,沉积有中上泥盆统大民山组($D_{2-3}d$)弧后盆地含砾粗砂岩、凝灰砂岩、泥岩、泥凝灰岩、流纹质晶屑凝灰岩组合,并有岛弧TTG组合岩浆岩侵入;早石炭世拉张伸展沉降,沉积有莫尔根河组(C_1m)板内裂谷环境粗安岩、钠长粗面岩、安山岩、安山质岩屑晶屑凝灰岩、石英角斑岩组合和红水泉组(C_1h)临滨相砂砾岩、石英砂岩、长石石英砂岩、细粉砂岩、粉砂质板岩、生物碎屑灰岩;晚石炭世早期,弧后盆地收缩,盆地两侧双向俯冲,并最终挤压碰撞,于晚石炭世基本成陆,沉积有新伊根河组(C_2x)海陆交互陆表海环境砾岩与粉砂岩互层夹黑色泥质岩组合,并有GG岩浆岩组合侵入;早二叠世有后造山碱性—过碱性花岗岩侵入;中二叠世弧后盆地东北部沉积有哲斯组(P_2zs)弧背盆地碎屑岩,侵入了TTG花岗岩组合。晚三叠世侵入了后造山正长花岗岩;侏罗纪—白垩纪有陆缘弧-陆缘裂谷-后造山环境岩浆岩侵入和喷发,以及断陷盆地沉积。

5. 红花尔基-李增碰山蓝片构造混杂岩带

红花尔基-李增碰山蓝片构造混杂岩带(Ⅰ-1-6)位于海拉尔-呼玛弧后盆地与东乌珠穆沁旗-多宝山岛弧之间,呈北东向展布。该带西南部在红花尔基到乌努尔一带出露高压变质岩-俯冲增生杂岩,南西宽、北东窄并逐渐尖灭,最宽处15~20km,长大于150km,再向北东被中新生代侵入岩、火山岩和沉积岩占据,与李增碰山一带的构造混杂岩相连。该楔形带从南东到北西由3条带构成——南带为蓝闪石带;中间为冻蓝石带;北带为混杂堆积带。混杂堆积由多个时代地质体($O_{1-2}d$、$O_{2-3}l$、$D_{1-2}n$、$D_{2-3}d$、γoD_3、C_1m、C_1h等)混杂在一起的构造混杂岩,反映出俯冲碰撞时间应在早石炭世之后。由于该带北西侧在早石炭世为海洋,而在晚石炭世及以后皆已成陆,似无俯冲带迹象,因此推断向南东俯冲碰撞的时间为早石炭世末期。

6. 东乌珠穆沁旗-多宝山岛弧

东乌珠穆沁旗-多宝山岛弧(Ⅰ-1-7)位于贺根山-扎兰屯俯冲增生杂岩带北西侧,呈北东向展布,宽100~200km,为新元古代至晚石炭世早期古亚洲洋在贺根山—扎兰屯一带俯冲形成的岛弧-陆缘弧。

该岛弧东部出露古元古界兴华渡口群(Pt_1X)古弧盆系绿片岩-(云母)石英片岩-大理岩

组合和中元古代古裂谷性质的双峰式侵入岩,构成岛弧结晶基底。

南华系—震旦系岛弧性质的佳疙瘩组（Nhj）和额尔古纳组（Ze）沉积-火山岩建造以及新元古代TTG组合花岗岩的出露,反映出新元古代初期古亚洲洋的俯冲活动。阿尔山一带出露下寒武统苏中组（ϵ_1sz）陆表海灰岩组合。奥陶纪为岛弧活动强盛期,有下奥陶统哈拉哈河组（O_1hl）临滨—远滨沉积环境碎屑岩建造、下-中奥陶统多宝山组（$O_{1-2}d$）岛弧玄武岩-安山岩-流纹岩组合夹海相含放射虫硅质岩、粗砂岩、泥质板岩组合,乌宾敖包组（$O_{1-2}w$）、中奥陶统巴彦呼舒组（O_2b）和中-上奥陶统裸河组（$O_{2-3}lh$）弧背盆地滨浅海碎屑岩夹碳酸盐岩组合,中奥陶世侵入了岛弧GG组合。志留纪—中泥盆世为伸展环境,主要为陆缘裂谷环境陆表海沉积岩,有上志留统卧都河组（S_3w）滨海相砂岩-粉砂岩-泥岩组合,下-中泥盆统泥鳅河组（$D_{1-2}n$）陆缘裂谷环境台盆含放射虫硅泥质岩组合以及中泥盆统塔尔巴格特组（D_2t）远滨泥岩、粉砂岩组合。中-晚泥盆世为岛弧环境,有中-上泥盆统大民山组（$D_{2-3}d$）岛弧海相中基性火山岩、酸性火山岩、杂砂岩、细粉砂岩、泥岩、灰岩、细碧岩、细碧角斑岩及硅质岩组合,上泥盆统安格尔乌拉组（D_3a）滨海砂岩、泥岩夹砾岩组合,晚泥盆世岛弧TTG组合。晚石炭世为岛弧环境,有上石炭统宝力高庙组（C_2bl）陆缘弧亚相片理化流纹岩、英安岩夹岩屑晶屑凝灰岩、石英片岩夹黄铁矿层,上石炭统新伊根河组（C_2x）海陆交互砂泥岩夹砾岩组合,晚石炭世陆缘弧环境GG组合,在岛弧东南缘出露晚石炭世同碰撞强过铝花岗岩组合。早二叠世有后造山花岗岩侵入。中二叠世有岛弧TTG组合、同碰撞花岗岩组合侵入。晚二叠世—早三叠世在岛弧南东缘有弧盖层或残余盆地沉积,早三叠世后碰撞花岗岩侵入。晚三叠世侵入了后造山花岗岩,侏罗纪—白垩纪有陆缘弧-陆缘裂谷-后造山环境岩浆岩侵入和喷发,以及断陷盆地沉积。新生代有稳定陆块碱性玄武岩喷溢。

7. 贺根山-扎兰屯俯冲增生杂岩带

贺根山-扎兰屯俯冲增生杂岩带（Ⅰ-1-8）位于锡林浩特岩浆弧与东乌珠穆沁旗-多宝山岛弧之间,呈北东向弧状展布。根据俯冲带上盘东乌珠穆沁旗-多宝山岛弧上发育的不同时代火山-岩浆岩大地构造性质分析,其分别在新元古代早期、奥陶纪早期、中泥盆世晚期和晚石炭世初期作为板块俯冲活动过。

俯冲带中出露残余洋壳、蛇绿混杂岩、构造混杂岩和变质增生杂岩。

在中元古代,发育了洋壳性质的桑达来呼都格组（Pt_2s）、哈尔哈达组（Pt_2h）以及上侵了裂谷-大洋基性—超基性岩。中泥盆世亦发育了裂谷-大洋基性—超基性岩。

在二连北东、贺根山、扎兰屯西南韩家地、呼哈达、哈拉黑和芒哈屯等地不同程度地出露蛇绿混杂岩。

扎兰屯以南为扎兰屯群,以变质构造混杂岩为特征。其中绿泥片岩（原岩为基性火山岩或凝灰岩）的锆石SHRIMP U-Th-Pb年龄为543±5Ma和506±3Ma,火山岩的成岩年龄为新元古代—寒武纪,应为早奥陶世早期贺根山-扎兰屯俯冲带俯冲形成的增生楔。

8. 锡林浩特岩浆弧（俯冲增生杂岩带）

锡林浩特岩浆弧（Ⅰ-1-9）又称为锡林浩特俯冲增生杂岩带,出露在贺根山-扎兰屯俯冲增生杂岩带与达青牧场俯冲带之间,呈北东向展布,宽80～200km,与贺根山-扎兰屯俯冲增生杂岩带一道皆为古亚洲洋新元古代—早石炭世增生楔。它被称为"岩浆弧"是指在早二叠世末期至中二叠世达青牧场俯冲带向北西俯冲碰撞之后,主体为岩浆弧性质——在中二叠世于俯冲带上盘喷发-沉积有大石寨组（P_2ds）岛弧玄武岩-安山岩-流纹岩组合、哲斯组（P_2zs）弧背盆地环境碎屑岩夹碳酸盐岩组合,侵入了岛弧环境TTG组合侵入岩和同碰撞高钾-钾玄质花岗岩组合,在"岩浆弧"西南缘俯冲带附近出露同碰撞强过铝花岗岩组合。晚二叠世—中三叠世沉积有林西组（P_3l）海陆交互-陆相碎屑岩组合、老龙头组（T_1ll）淡水湖相碎屑岩建造、哈达陶勒盖组（T_1hd）后碰撞高钾-钾玄质火山岩组合。晚二叠世侵入岩为后碰撞高钾-钾玄质花岗岩组合。晚三叠世侵入了后造山花岗岩;侏罗纪—白垩纪有陆缘弧-陆缘裂谷-后造山环境岩浆岩侵入和喷发,以及断陷盆地沉积。新生代有稳定陆块碱性玄武岩喷溢。

（二）索伦-扎鲁特旗结合带

索伦-扎鲁特旗结合带（Ⅰ-2）原叫索伦山—西拉木伦结合带,指索伦山—西拉木伦俯冲带。此次研究区指位于包括向北俯冲的达青牧场俯冲带与向南俯冲的西拉木伦俯冲带之间的区域,具体包括达青牧场俯冲增生杂岩带、林西残余盆地和西拉木伦俯冲增生杂岩带。该结合带在早二叠世末期分别向南、北两侧俯冲消减,在中二叠世—早三叠世发展为残余海盆-残余盆地,代表着西伯利亚板块与华北板块最后完全拼接时的结合带,是古亚洲洋最终闭合的位置。

1. 达青牧场俯冲增生杂岩带

达青牧场俯冲增生杂岩带（Ⅰ-2-1）呈南东东向展布,宽一般小于20km,根据其北侧中二叠世侵入岩和火山岩反映出的岛弧性质,判定该带为早二叠世末期古亚洲洋向北俯冲增生带,由于受中新生代地质体侵入和覆盖的影响,地表残留的俯冲增生痕迹已经很少,但在达青牧场、阿他山、新生牧场和乌兰吐仍然可见断续出露的俯冲增生形成的蛇绿岩-蛇绿构造混杂岩。

2. 林西残余盆地

林西残余盆地（Ⅰ-2-2）介于达青牧场俯冲带与西拉木伦俯冲带之间,呈北东东向展布,宽50～120km,为早二叠世末期—中二叠世早期古亚洲洋双向俯冲碰撞后的残余海盆,并在晚二叠世逐渐淡化成为湖盆。中三叠世中晚期褶皱造山完全成陆。

中二叠世发育有大石寨组（P_2ds）残余海盆环境火山-沉积岩组合、哲斯组（P_2zs）残余海盆（滨浅海-海陆交互-河流相）环境碎屑岩夹碳酸盐岩组合。晚二叠世残余盆地由水下扇砂砾岩组合、湖泊三角洲砂砾岩组合、泥岩-粉砂岩组合、砂岩-粉砂岩组合构成,反映出环境演化特征具河流—三角洲—浅湖—深湖的特点,展示了林西盆地从生成—发展—萎缩—消失的完整演化历史。晚三叠世本区处于陆缘弧-陆缘裂谷环境,形成在三棱山-罕乌拉板陆内裂谷层状基性-超基性杂岩组合。在珠腊木台-巴彦温都尔苏木出露的TTG组合,大地构造环境为活动大陆边缘弧。侏罗纪—白垩纪发育陆缘弧-陆内盆地火山-沉积岩建造,包括红旗组(J_1h)河湖相含煤碎屑岩组合、塔木兰沟组(J_2tm)中基性火山岩组合、新民组(J_2x)河湖相含煤碎屑岩组合、土城子组(J_3t)冲积扇砾岩组合、满克头鄂博组(J_3mk)陆缘弧酸性火山岩组合、玛尼吐组(J_3mn)陆缘弧中性火山岩组合、白音高老组(J_3b)陆缘弧酸性火山岩组合、大磨拐河组(K_1d)淡水湖碎屑岩含煤建造、巴彦花组(K_1b)淡水湖碎屑岩含煤建造以及二连组(K_2e)坳陷盆地湖相碎屑岩组合。新生界发育湖相沉积等。侏罗纪—白垩纪侵入陆缘弧-陆缘裂谷-后造山侵入岩。

3. 西拉木伦俯冲增生杂岩带

西拉木伦俯冲增生杂岩带(Ⅰ-2-3)位于索伦山-林西残余盆地南缘,北东东向展布,宽小于20km,其南侧出露的中二叠世岛弧火山岩和TTG侵入岩反映出它在早二叠世末期古亚洲洋向南俯冲,并且形成了含蛇绿俯冲增生杂岩带。

带内于索伦山、柯单山、杏树洼和九井子等地断续出露蛇绿-构造混杂岩。

在双井店乡出露中二叠世同碰撞强过铝花岗岩组合。

在宝力召苏木一带出露上石炭统阿木山组(C_2a)和本巴图组(C_2bb)滨浅海碳酸盐岩组合。该套沉积岩分布于西拉木伦俯冲带北侧(或范围内),不排除为早二叠世末期西拉木伦俯冲增生杂岩带之中的构造杂岩块体。

(三) 温都尔庙弧盆系

温都尔庙弧盆系(Ⅰ-3)位于华北陆块区与西拉木伦俯冲带之间,近东西向展布,宽40~180km,西窄东宽。该带整体属于中二叠世陆缘弧,其中南半部分属于南华纪—晚石炭世弧盆系,由温都尔庙-套苏沟俯冲增生杂岩带、镶黄旗-敖汉旗陆缘弧构成。弧盆系向西延伸被吉兰泰断裂带截断,向东进入辽宁北部和吉林东部,中间被松辽裂谷盆地覆盖。

1. 敖仑尚达-翁牛特旗岩浆弧

敖仑尚达-翁牛特旗岩浆弧(Ⅰ-3-1)出露最老地质体是古元古代古弧盆系环境宝音图群和变质深成侵入体等变质岩基底。出露上志留统—下泥盆统西别和组陆表海环境碎屑岩-碳酸盐岩组合、上石炭统本巴图组(C_2bb)和阿木山组(C_2a)滨浅海碎屑岩-碳酸盐岩组合以及酒局子组(C_2jj)湖泊泥岩-粉砂岩组合、下二叠统寿山沟组(P_1ss)泥岩-粉砂岩组合。中二叠世显示陆缘弧特征,出露额里图组(P_2e)碱性橄榄玄武岩、安山岩、安山玄武岩和英安质-流纹质碎屑岩建造,于家北沟组(P_2y)水下扇砾岩夹砂岩组合、陆缘弧TTG花岗岩组合和同碰撞正长花岗岩等。

早白垩世有陆缘裂谷环境花岗岩侵入。

2. 温都尔庙-套苏沟俯冲增生杂岩带

温都尔庙-套苏沟俯冲增生杂岩带(Ⅰ-3-2)位于华北陆块区北侧,近东西向展布,为古亚洲洋在新元古代—早石炭世末期向南俯冲之增生带。该带与贺根山-扎兰屯俯冲带一南一北遥相呼应,在俯冲时间和期次研究上具有一定的可比性。

根据其南侧出露的陆缘弧性质的侵入岩判断,洋壳分别在新元古代早期、奥陶纪早期、中泥盆世晚期和晚石炭世初期向华北陆块区北缘古地块之下俯冲。

在西部白音查干、温都尔庙和翁牛特旗四分地一带出露蛇绿岩。

该俯冲增生杂岩带中西部出露有中元古代陆缘裂谷-洋壳性质的桑达来呼都格组(Pt_2s)、哈尔哈达组(Pt_2h)以及基性—超基性岩,反映出其最早可能是形成于中元古代的古亚洲洋,或者为华北陆块区南缘小洋盆(它与古亚洲洋之间存在宝音图群基底杂岩)。

志留纪—中泥盆世小洋盆再次伸展扩张,发育了陆缘裂谷环境西别河组[(S_3—D_1)x]浅海相碎屑岩-灰岩建造和泥盆纪裂谷性质的超基性岩、闪长岩和石英闪长岩。

3. 镶黄旗-敖汉旗陆缘弧

镶黄旗-敖汉旗陆缘弧(Ⅰ-3-3)位于温都尔庙-套苏沟俯冲增生杂岩带南侧,近东西向展布,分别在奥陶纪、晚泥盆世、晚石炭世和中二叠世表现为陆缘弧性质。

岩浆弧内出露有下-中奥陶统哈拉组($O_{1-2}hl$)中基性火山岩、布龙山组($O_{1-2}bl$)海相碎屑岩-中性火山岩组合和中晚奥陶世TTG组合花岗岩。在志留纪—早泥盆世沉积了陆缘裂谷环境西别河组[(S_3—D_1)x]浅海相碎屑岩-灰岩建造。中泥盆世发育了前坤头沟组(D_1qk)陆源碎屑浊积岩-灰岩-基性火山岩组合。岩浆弧东南部出露晚泥盆世TTG组合花岗闪长岩和英云闪长岩,英云闪长岩锆石U-Pb SHRIMP同位素年龄为374Ma。早石炭世发育了朝吐沟组(C_1c)陆缘裂谷环境双峰式火山岩组合。岩浆弧及其南侧出露晚石炭世陆缘弧-弧背盆地环境青龙山火山岩(Q_v)、酒局子组(C_2jj)湖泊泥岩-粉砂岩组合、石嘴子组(C_2s)海岸沙丘-后滨砂岩组合及白家店组(C_2bj)滨浅海碳酸盐岩组合地层,有晚石炭世石英闪长岩、英云闪长岩、闪长岩和二长花岗岩等。岩浆弧及其两侧出露有中二叠统额里图组(P_2e)陆缘弧火山岩和中二叠世TTG花岗岩组合等。

(四) 哈日博日格弧盆系

哈日博日格弧盆系(Ⅰ-4)位于阿拉善陆块北侧,既属于南华纪—晚石炭世弧盆系,又叠加了中二叠世陆缘弧。

1. 恩格尔乌苏俯冲增生杂岩带

恩格尔乌苏俯冲增生杂岩带(Ⅰ-4-1)出露蛇绿混杂岩,岩石组合主要为蛇纹岩、硅质碳酸盐岩、块状碳酸盐质岩石等;堆晶杂岩(v)零星分布,主要为灰绿色细粒角闪辉长岩、辉长岩中锆石的U-Pb年龄为380Ma；基性岩墙群为次玄武岩和辉绿玢岩（$\beta\mu$），局部可见枕状熔岩，上覆有远洋沉积硅质岩等。

2. 巴彦毛道岩浆弧

巴彦毛道岩浆弧（I-4-2）位于恩格尔乌苏俯冲增生杂岩带与阿拉善陆块区之间，呈北东东向展布，西部部分被巴丹吉林沙漠掩盖。这是一个从阿拉善陆块区裂离出来的构造单元，在晚石炭世和中二叠世为陆缘弧。

该岩浆弧基底为中太古代陆核、新太古代和古元古代岛弧片麻岩、片岩。中元古代，在西部地区发育有中元古界墩子沟组（Pt_2d）被动陆缘的碎屑岩、碳酸盐岩岩石组合和双峰式裂谷岩浆杂岩。晚石炭世，由于恩格尔乌苏俯冲带活动，在岩浆弧之上发育了本巴图组和阿木山组沉积，并伴有岛弧性质的TTG组合花岗岩侵入。中二叠世发育了额里图组（P_2e）陆缘弧火山岩双堡塘组的浅海相碎屑岩岩石组合。

三叠纪为碰撞-陆缘弧侵入岩。早白垩世尚发育有苏红图组陆内裂谷火山岩和后造山岩浆杂岩。

（五）北山弧盆系

北山弧盆系（I-5）位于塔里木盆地北侧，其既属于南华纪—晚石炭世弧盆系，又叠加了中二叠世陆缘弧。

1. 圆包山岩浆弧

圆包山岩浆弧（I-5-1）之中出露中新太古代高级变质杂岩（$gnAr_{2-3}$）和古元古代古岛弧变质岩（mAr_{2-3}）。奥陶纪发育了岛弧环境咸水湖组（$O_{2-3}x$）玄武岩、安山岩、英安岩、流纹岩夹硅质岩等岩石组合；志留纪—中泥盆世发育陆缘裂谷环境中-上志留统公婆泉组（$S_{2-3}g$）火山-沉积岩组合，中-上志留统碎石山组（$S_{2-3}ss$）浅海—半深海相砂岩、粉砂岩、粉砂质泥岩夹硅质岩组合，下-中泥盆统雀儿山组（$D_{1-2}q$）火山-沉积岩组合。晚泥盆世有岛弧环境TTG组合的英云闪长岩，二长花岗岩侵入。早石炭世为陆缘裂谷环境，发育了白山组（$C_{1-2}b$）和绿条山组（$C_{1-2}l$）构成的陆缘裂谷火山弧和弧内盆地碎屑岩沉积。晚石炭世早期侵入了岛弧TTG花岗岩组合，中晚期侵入了陆缘裂谷环境基性—超基性岩。中二叠世侵入了陆缘弧TTG花岗岩组合。晚二叠世发育了方山口组（P_3f）火山岩。侏罗纪至早白垩世发育了后造山环境侵入岩。

2. 甜水井-红石山蛇绿混杂岩带

甜水井-红石山蛇绿混杂岩带（I-5-2）之中蛇绿岩组合为纯橄榄岩、斜辉橄榄岩，少量二辉橄榄岩，以及洋脊低钾拉斑玄武岩，呈大小不等的岩片产出。镁质超基性岩获Rb-Sr法同位素年龄值314Ma。为晚石炭世早期拉张环境的产物。

3. 白石山头-木吉湖岩浆弧

白石山头-木吉湖岩浆弧（I-5-3）位于狼头山-杭乌拉俯冲带以北，出露中新太古代高级变质杂岩和古元古代古岛弧变质岩；中元古代侵入了古裂谷基性岩；晚泥盆世有岛弧环境TTG组合的英云闪长岩侵入；早石炭世为陆缘裂谷环境，发育了白山组和绿条山组构成的陆缘裂谷火山弧和弧内盆地碎屑岩沉积；晚石炭世早期侵入了岛弧TTG花岗岩组合，中晚期侵入了陆缘裂谷环境基性—超基性岩；中二叠世侵入了陆缘弧TTG花岗岩组合；晚三叠世沉积了断陷盆地碎屑岩夹碳质页岩，侵入了同碰撞二长花岗岩；早侏罗世和早白垩世发育了后造山环境侵入岩；白垩纪发育断陷盆地沉积。

4. 狼头山-杭乌拉俯冲增生杂岩带

狼头山-杭乌拉俯冲增生杂岩带（I-5-4）位于北山弧盆系南缘，向西进入甘肃省境内，向东被巴丹吉林沙漠掩盖并被阿尔金断裂截断。其分别在奥陶纪早期、中泥盆世晚期和晚石炭世早期发生了洋壳向北俯冲活动，具有大洋之中与岛弧之间洋外弧特征。

该俯冲带在中元古代为古裂谷-陆棚环境，发育了古硐井群（Pt_2G）陆表海砂岩、粉砂岩、硅泥质板岩组合；中、新元古界园藻山组（Pt_2y）海相灰岩-白云岩夹碧玉岩组合。寒武纪—早奥陶世为海洋环境，发育下寒武统双鹰山组浅海相砂岩、粉砂岩、页岩、灰岩组合；中寒武统—下奥陶统西双鹰山组浅海-半深海相石英砂岩、碳酸盐岩、硅质岩组合（据邵济东介绍，双鹰山组与西双鹰山组是同一套岩石组合）；中下奥陶统罗雅楚山组为半深海相石英砂岩、白云岩、硅质岩、碧玉岩组合。奥陶纪早期大洋发育向北的俯冲活动，造成中-晚奥陶世，洋盆内发育有岛弧环境咸水湖组玄武岩、安山岩、英安岩、碧玉岩组合和白云山组浅海相长石石英砂岩、杂砂岩、灰岩组合。志留纪—中泥盆世为伸展环境，随着洋盆的不断扩展，形成中上志留统公婆泉组以碱性火山岩为主的玄武岩、安山岩、粗面岩、英安岩组合，同期有半深海相的碳酸盐岩、石英砂岩、硅质岩等沉积组合，以中下志留统圆包山组、中上志留统碎石山组和下-中泥盆统依克乌苏组为代表。中泥盆世晚期大洋再次向北俯冲活动，俯冲增生带以北侵入了岛弧性质的英云闪长岩。晚石炭世早期侵入了岛弧TTG花岗岩组合，反映出晚石炭世早期大洋板块再一次强烈俯冲。中二叠世增生带及其南、北两侧大面积侵入了陆缘弧TTG花岗岩组合，反映出这期俯冲位置已南移至塔里木盆地北缘。晚二叠世发育了陆相陆缘裂谷侵入岩和方山口组（P_3f）火山岩。侏罗纪至早白垩世发育了后造山环境侵入岩。

（六）松辽盆地

松辽盆地（I-6）位于内蒙古东部，盆地主体出露在黑龙江省和吉林省。地表多为第四系松散物覆盖，其主要是早白垩世以来形成的内陆断陷盆地，早期（早白垩世）断陷边界为近东西和北东向；晚期（晚白垩世）边界为北东东和北北东向。在松辽裂谷盆地西缘扎赉特—乌兰浩特一带出露泰康组（N_2tk）河流砂砾岩-粉砂岩-泥岩组合，岩性为砂砾岩夹泥质粉砂岩、泥岩，胶结疏松，产状平缓。

二、华北陆块区

华北陆块区(Ⅱ)位于内蒙古南部,是古元古代最终焊接形成的克拉通,根据中太古代、新太古代和古元古代发育古弧盆系变质火山-沉积岩和变质侵入岩特征,推断在中太古代、新太古代和古元古代经历了多次俯冲拼贴和碰撞焊接过程,中元古代伸展环境下发育了海相沉积和陆缘裂谷基性—超基性岩及双峰式侵入岩。由于地质年代久远,变质变形多次叠加,很难恢复古板块沟-弧-盆体系,仅根据变质地质体的大地构造特征和出露范围进行了陆块的划分,陆块之间的结合带根据亲缘性分别归入了相邻的陆块。在内蒙古范围内华北陆块区共划分了阴山-冀北陆块和鄂尔多斯陆块两个二级构造单元,总体近东西向展布。

(一)阴山-冀北陆块

阴山-冀北陆块(Ⅱ-1)位于华北陆块区北部,以大量出露新太古代—古元古代古弧盆系建造、中元古代陆缘裂谷环境滨浅海相沉积岩和古裂谷侵入岩为特征。其在晚泥盆世、晚石炭世和中二叠世皆表现为陆缘弧特征,包括一个三级构造单元——乌拉特中旗-宁城基底杂岩带,以下重点描述该构造单元。

乌拉特中旗-宁城(中太古代—古元古代)基底杂岩带(Ⅱ-1-1)又称乌拉特中旗-宁城(中元古代)古裂谷。

变质基底最老为中太古代乌拉山岩群哈达门沟岩组($Ar_2h.$)和集宁岩群($Ar_2J.$)。乌拉山岩群为一套含石榴矽线黑云斜长片麻岩-角闪斜长片麻岩-含墨黑云变粒岩夹大理岩组合,局部夹含磁铁矿黑云斜长片麻岩;集宁岩群($Ar_2J.$)为由石墨矽线榴石片麻岩、大理岩、石英岩等组成的孔兹岩系,属于区域中高温变质作用中低压高角闪岩相-麻粒岩相系。新太古代为古弧盆系环境,西部出露有新太古界色尔腾山岩群东五分子岩组($Ar_3d.$)黑云角闪斜长片麻岩-斜长角闪片岩-阳起片岩夹磁铁石英岩组合、柳树沟岩组(Ar_3l)云英片岩-斜长角闪片岩-绿片岩夹磁铁石英岩组合和点力素泰岩组($Ar_3dl.$)大理岩夹磁铁石英岩组合,以及古岛弧环境TTG组合侵入岩;东部出露建平岩群一岩组($Ar_3J.^1$)二辉麻粒岩-黑云角闪片麻岩-变粒岩夹磁铁石英岩组合、建平岩群二岩组($Ar_2J.^2$)黑云角闪片麻岩-变粒岩-斜长角闪岩夹大理岩组合和建平岩群三岩组($Ar_3J.^3$)大理岩夹片麻岩组合,以及古岛弧环境TTG组合变质深成侵入体。古元古代为古弧盆系环境,出露宝音图岩群($Pt_1B.$)十字蓝晶二云石英片岩-黑云石英片岩-角闪片岩-磁铁石英岩组合,原岩为石英砂岩-长石石英砂岩-泥岩夹中基性火山岩、碳酸盐岩、含铁硅质岩等,为古弧前盆地环境。出露古元古代古岛弧环境TTG组合变质深成侵入体。

中元古代—新元古代青白口纪为裂谷环境,发育长城系、蓟县系和青白口系,主体为碎屑岩-碳酸盐岩陆表海沉积。侵入了大量古裂谷环境基性—超基性岩组合和双峰式侵入岩组合。

新元古代震旦纪为浅海相碳酸盐岩陆表海环境,沉积了什那干群(Zs)陆表海盆地硅质灰岩夹硅质页岩组合。腮林忽洞组(Zsl)陆表海盆地相白云岩-白云质灰岩-变质含砾石英砂岩组合。寒武纪南部局部发育有碎屑岩陆表海砂岩-粉砂岩-泥岩组合。奥陶纪、晚石炭世和中二叠世皆为陆缘弧环境,分别侵入了TTG组合侵入岩。奥陶纪局部发育五道湾组($O_{1-2}wd$)碳酸盐岩陆表海沉积。早二叠世侵入了后造山环境碱性—钙碱性花岗岩组合。中二叠世还有额里图组(P_2e)中性-中酸性火山岩喷发和同碰撞环境强过铝花岗岩侵入。晚二叠世—中三叠世侵入了后碰撞环境高钾和钾玄质侵入岩组合。晚三叠世有同碰撞环境强过铝花岗岩和陆缘弧GG组合花岗岩侵入。侏罗纪—白垩纪有少量后造山花岗岩侵入,发育了大量断陷(坳陷)盆地。

(二)鄂尔多斯陆块

鄂尔多斯陆块(Ⅱ-2)位于阴山-冀北陆块南侧,发育太古宙—古元古代陆核和中元古代—中新生代沉积盖层,分为3个三级构造单元。

1. 贺兰山被动陆缘盆地

贺兰山被动陆缘盆地(Ⅱ-2-1)分布在贺兰山及其以西,主要为早古生代陆缘盆地。

变质基底最老为中太古代千里山岩群察干郭勒岩组($Ar_2c.$)和哈布其盖岩组($Ar_2hb.$)、中太古代雅布赖山岩群($Ar_2Y.$)和石英正长岩。察干郭勒岩组($Ar_2c.$)为黑云角闪片麻岩、石英岩、透辉大理岩夹斜长角闪岩-角闪紫苏辉石岩、磁铁石英岩组合;哈布其盖岩组($Ar_2h.$)为均质混合岩夹矽线榴石片麻岩、变粒岩组合和孔兹岩系组合;雅布赖山岩群($Ar_2Y.$)由片麻岩、变粒岩、混合岩组成。古元古代发育了赵池沟岩组($Pt_1z.$)二云变粒岩-石墨变粒岩-二云石英片岩组合,为被动陆缘相陆棚碎屑岩亚相。

中-新元古代发育被动陆缘陆棚环境西勒图组($Pt_{2-3}x$)灰绿色石英岩-石英砂岩夹页岩组合、被动陆缘盆地环境王全口组($Pt_{2-3}w$)硅质白云岩-白云质灰岩夹砂岩、砂质板岩组合。

新元古代发育了正目观组(Zz)近海冰川冰碛砾岩-砂质板岩组合。

早古生代为被动陆缘陆表海环境。发育了下-中寒武统馒头组($\in_{1-2}m$)砂泥岩夹砾岩建造组合;中寒武统张夏组($\in_2z$)灰岩组合;上寒武统固山组($\in_3g$)和炒米店组($\in_3c$)组合;上寒武统—下奥陶统三山子组[($\in_3-O_1)s$]白云岩组合;下-中奥陶统马家沟组($O_{1-2}m$)灰岩组合;中奥陶统克里摩里组(O_2k)、乌拉力克组(O_2w)和拉什仲组(O_2l)远滨泥岩、粉砂岩夹泥岩组合。

晚古生代为海陆交互相-陆相河湖沉积。上石炭统—下二叠统太原组[($C_2-P_1)t$]海陆交互相含煤碎屑岩组合;下-中二叠统山西组($P_{1-2}s$)陆表海沼泽环境含煤碎屑岩组合;中二叠统石盒子组(P_2sh)湖泊相泥岩-粉砂岩组合;上二叠统孙家沟组(P_3sj)河流砂砾岩-粉砂岩-泥岩组合;下-中三叠统二断井组($T_{1-2}ed$)河流砂砾岩-粉砂岩-泥岩组合。

中生代为内陆湖泊-河湖沉积。上三叠统延长组(T_3yc)湖泊三角洲砂砾岩-泥岩夹煤线组合以及珊瑚井组(T_3sh)湖泊三角洲砂砾岩、泥岩组合;下侏罗统延安组河湖相含煤碎屑岩组合;下侏罗统芨芨沟组(J_1j)湖泊泥岩-粉砂岩组合;中侏罗统龙凤山组(J_2l)湖泊相含煤碎屑岩组合;上侏罗统沙枣河组(J_3s)湖泊三角洲砂砾岩组合;下白垩统庙沟组(K_1mg)河流砂砾岩、砂岩、泥岩组合。

2. 鄂尔多斯断陷盆地

鄂尔多斯断陷盆地(Ⅱ-2-2)从早三叠世开始至中侏罗世沉降接受沉积,发育下三叠统刘家沟组(T_1l)河流砂砾岩-粉砂岩-泥岩组合;中三叠统二马营组(T_2e)河湖相含煤碎屑岩组合;上三叠统延长组(T_3yc)湖泊三角洲砂砾岩-泥岩夹煤线组合;下侏罗统富县组(J_1f)湖泊泥岩-粉砂岩组合和延安组(J_1ya)河湖相含煤碎屑岩组合;中侏罗统直罗组(J_2z)河流砂砾岩-粉砂岩-泥岩组合和安定组(J_2a)湖泊泥岩-粉砂岩组合。晚侏罗世可能由于隆升没有沉积。到早白垩世盆地大规模断陷,发育下白垩统洛河组(K_1l)河流相砂岩组合、环河组(K_1h)河湖相长石石英砂岩组合、罗汉洞组(K_1lh)河流砂砾岩-粉砂岩-泥岩组合、泾川组(K_1jc)湖泊泥岩、粉砂岩建造组合和东胜组(K_1ds)河流砂砾岩-粉砂岩-泥岩组合。古近纪—新近纪为坳陷盆地。

3. 乌拉山-兴和基底杂岩带

乌拉山-兴和基底杂岩带(Ⅱ-2-3)为鄂尔多斯陆块的变质基底部分。以大量出露太古宙-古元古代陆核-古弧盆系变质岩为特征,该区出露研究区最古老的基底杂岩——古太古界兴和岩群($Ar_1X.$)陆核麻粒岩-紫苏斜长变粒岩-磁铁石英岩组合;出露了中太古界乌拉山岩群哈达门沟岩组($Ar_2h.$)含石榴矽线黑云斜长片麻岩-角闪斜长片麻岩-含墨黑云变粒岩夹大理岩组合,桃儿湾岩组($Ar_2t.$)古弧盆系环境绿片-(云母)石英片岩-大理岩组合和变粒岩-浅粒岩-石英岩组合,集宁岩群($Ar_2J.$)孔兹岩系、中太古代TTG组合变质深成侵入体;出露了新太古界二道洼岩群($Ar_3E.$)古弧盆系环境十字蓝晶榴云片岩-黑云斜长片岩-大理岩夹阳起片岩组合、新太古代TTG组合变质深成侵入体;出露了古元古界马家店群(Pt_1M)板岩-石英岩-大理岩组合、古元古代GG组合变质深成侵入体。

早古生代寒武纪—奥陶纪为陆表海环境,南东缘发育了下-中寒武统馒头组($\in_{1-2}m$)砂泥岩夹砾岩建造组合、中寒武统张夏组($\in_2z$)灰岩组合、中-上寒武统老虎山组($\in_{2-3}l$)白云岩组合、上寒武统—下奥陶统三山子组[($\in_3-O_1)s$]白云岩组合、下奥陶统山黑拉组(O_1s)白云质灰岩-白云岩组合、下-中奥陶统马家沟组($O_{1-2}m$)灰岩组合以及中奥陶统山黑拉组(O_2e)白云质灰岩组合。

晚古生代海退从北向南逐渐发展,晚石炭世进入海陆交互-陆相盆地环境。

南部自晚石炭世海陆交互相到中二叠世演变为陆内盆地,发育了上石炭统本溪组(C_2b)海陆交互相源碎屑岩-灰岩组合、上石炭统—下二叠统太原组[($C_2-P_1)t$]海陆交互相含煤碎屑岩组合、下二叠统山西组($P_{1-2}s$)陆表海沼泽环境含煤碎屑岩组合、中二叠统石盒子组(P_2sh)湖泊相泥岩-粉砂岩组合。

北部自晚石炭世即已经为陆内河湖相沉积,至早三叠世之后抬升缺失沉积,出露了上石炭统拴马桩组(C_2sm)河流-河湖相砂砾岩-含煤碎屑岩组合、中二叠统杂怀沟组(P_2z)河湖相含煤碎屑岩组合、中二叠统石叶湾组(P_2sy)湖泊砂岩、粉砂岩组合、上二叠统脑包山沟组(P_3n)湖泊泥岩-粉砂岩组合、上二叠统—下三叠统老窝铺组[($P_3-T_1)lw$]河流砂砾岩-粉砂岩组合。

中侏罗世至早白垩世出现坳陷-断陷盆地,发育了中侏罗统直罗组(J_2z)河流砂砾岩-粉砂岩-泥岩组合、安定组(J_2a)湖泊泥岩-粉砂岩组合;上侏罗统大青山组(J_3d)河湖相砂岩-粉砂岩-泥岩组合;下白垩统李三沟组(K_1ls)河流砂砾岩-粉砂岩-泥岩组合、固阳组(K_1g)河湖相含煤碎屑岩组合和白女羊盘组(K_1bn)大陆裂谷环境双峰式火山岩组合;渐新统呼尔井组(E_3h)湖泊三角洲砂砾岩-粉砂岩-泥岩组合和中新统汉诺坝组(N_1h)大陆溢流玄武岩。

侵入岩主要出露在北缘,有晚石炭世陆缘弧环境石英角闪二长岩和二长花岗岩、中二叠世陆缘弧TTG组合侵入岩、晚三叠世同碰撞强过铝花岗岩组合、中侏罗世陆缘弧花岗岩和早白垩世陆缘弧二长花岗岩;在南部出露了晚白垩世后造山斑霞正长岩。

三、塔里木陆块区

塔里木陆块区(Ⅲ)在内蒙古范围内出露两个二级单元——敦煌陆块(Ⅲ-1)和阿拉善陆块(Ⅲ-2)。

(一)敦煌陆块

敦煌陆块(Ⅲ-1)只出露柳园裂谷(Ⅲ-1-1),位于狼头山-杭乌拉俯冲增生杂岩带南侧,向南西进入甘肃省境内。该单元大部分在甘肃省,本区仅占其一隅。其在早-中石炭世为裂谷环境,在中二叠世为陆缘弧环境。

本区出露变质基底岩系为中、新太古代高级变质的长英质片麻岩($Ar_{2-3}gn$)和古元古代北山岩群云母石英片岩、黑云变粒岩、磁铁石英岩组合。

中元古代为古裂谷-陆棚环境,发育了古硐井群(Pt_2G)陆表海砂岩、粉砂岩、硅泥质板岩组合;中、新元古界园藻山组(Pt_2y)海相灰岩-白云岩夹碧玉岩组合。

早-中石炭世为裂谷环境,发育有下石炭统红柳园组(C_1hl)前滨-临滨砂泥岩夹灰岩组合;下-中石炭统绿条山组($C_{1-2}l$)半深水砂板岩组合和白山组($C_{1-2}b$)中酸性—中基性(双峰式)火山岩组合。

晚石炭世发育了芨芨台子组(C_2j)局限台地碳酸盐岩组合。

中二叠世为陆缘弧环境,本区及其北侧大面积侵入了陆缘弧TTG花岗岩组合、中二叠统陆缘弧环境双堡塘组(P_2sb)滨浅海泥岩-粉砂岩组合和金塔组(P_2j)海相基性—中性—酸性火山岩-火山碎屑沉积岩组合,反映出这期俯冲位置已在南侧。

早-中三叠世发育了二断井组($T_{1-2}ed$)河流砂砾岩-粉砂岩泥岩组合。侏罗纪至早白垩世发育了后造山环境侵入岩。

晚三叠世侵入了同碰撞花岗岩。早侏罗世沉积了芨芨沟组(J_1j)湖泊泥岩-粉砂岩组合。中侏罗世沉积了龙凤山组(J_2l)湖泊相含煤碎屑岩组合,侵入了花岗闪长岩。早白垩世沉积了赤金堡组(K_1c)湖泊泥岩-粉砂岩组合,侵入了后造山花岗岩组合。上新世沉积了苦泉组(N_2k)河流砂砾岩-粉砂岩-泥岩组合。

(二)阿拉善陆块

阿拉善陆块(Ⅲ-2)仅出露阿拉善右旗(中太古代—古元古代)基底杂岩带(Ⅱ-1-1)又称阿拉善右旗(中元古代)古裂谷,与乌拉特中旗-宁城基底杂岩带之间被北东走向的吉兰泰断裂带隔开。

变质基底最老为乌拉山岩群($Ar_2W.$)及其相伴的TTG组合。乌拉山岩群为一套含石榴矽线黑云斜长片麻岩-角闪斜长片麻岩-含墨黑云变粒岩夹大理岩组合,局部夹含磁铁矿黑云斜长片麻岩;TTG组合主要是闪长质-花岗闪长质片麻岩(在巴音前达门南的花岗闪长质片麻岩中获得了1947±6Ma的锆石U-Pb年龄,说明这套建造很可能形成于古元古代)。迭布斯格岩群($Ar_2D.$),由黑云角闪片麻岩、透辉片麻岩、透辉大理岩夹紫苏麻粒岩和磁铁石英岩组成,属于中压高角闪岩相-麻粒岩相系。根据锆石SHRIMP U-Pb法年龄形成于27亿年左右,属于新太古代,并在新太古代和古元古代末期发生了强烈的变质作用(耿元生等,2006,2007)。雅布赖山岩群($Ar_2Y.$)由片麻岩、变粒岩、混合岩组成,属于区域中高温变质作用类型中压高角闪岩相系,采于巴彦乌拉山中段北部的片麻状花岗岩锆石SHRIMP U-Pb法岩浆锆石核部加权平均年龄2323±20Ma,幔部加权平均年龄1923±28Ma,锆石变质增生边加权平均年龄1856±12Ma,认为2323±20Ma代表花岗岩形成年龄为古元古代,后二者代表变质年龄(董春艳等,2007)。新太古代发育了古岛弧环境阿拉善岩群($Ar_3A.$)云母石英片岩-斜长角闪片岩-变粒岩组合、十字石榴云英片岩-变粒岩组合和大理岩-云英片岩夹石英岩组合,以及毕级尔台片麻岩($BgnAr_3$)、大布苏山片麻杂岩($DgnAr_3$)、蚀变花岗闪长岩等变质TTG组合。古元古代宝音图岩群($Pt_1B.$)包括十字蓝晶二云石英片岩-黑云石英片岩-角闪片岩-磁铁石英岩夹大理岩组合,原岩建造为石英砂岩-长石石英砂岩-泥岩夹夹中基性火山岩、碳酸盐岩、含铁硅质岩等,为古弧前盆地环境。

中元古代发育长城系书记沟组(Chs)碎屑岩陆表海变质砾岩、砂砾岩、含砾石英砂岩夹砂质泥岩组合;长城系增隆昌组(Chz)碳酸盐岩陆表海结晶灰岩-白云岩夹板岩组合;蓟县系阿古鲁沟组(Jxa)陆表海变质砂岩-板岩-结晶灰岩-云英片岩组合;墩子沟组(Pt_2d)被动陆缘的碎屑岩、碳酸盐岩岩石组合。侵入了大量古裂谷环境基性—超基性岩组合和双峰式侵入岩组合。

新元古代、晚泥盆世、晚石炭世和中二叠世皆为陆缘弧环境,分别侵入了TTG组合侵入岩。震旦纪在西南部发育了烧火筒沟组(Zs)近海冰川冰碛砾岩-板状薄层灰岩夹绢云母千枚岩组合;草大坂组(Zc)碳酸盐岩台地相潮坪环境灰岩建造。中二叠世还有额里图组(P_2e)中性—中酸性火山岩喷发。晚二叠世—中三叠世侵入了后碰撞环境高钾-钾玄质侵入岩组合。晚三叠世有同碰撞环境强过铝花岗岩侵入。侏罗纪—白垩纪有少量后造山花岗岩侵入,发育了大量断陷(坳陷)盆地。

四、秦祁昆造山系

秦祁昆造山系(Ⅳ)在内蒙古仅出露一小部分,且大部又被腾格里沙漠所掩盖。在内蒙古范围内仅出露二级单元北祁连弧盆系(Ⅳ-1)、三级单元走廊弧后盆地(Ⅳ-1-1)。

走廊弧后盆地位于北祁连弧盆系北部。

早古生代为弧后盆地滨浅海相沉积,发育了中寒武统香山组(ϵ_2x)陆源滨浅海浊积岩-碳酸盐岩组合和下-中奥陶统米钵山组($O_{1-2}mb$)滨浅海砂岩、粉砂岩、泥岩组合。

晚古生代为陆内-海陆交互相环境,发育了中泥盆统石峡沟组(D_2s)湖泊砂岩-粉砂岩组合、上泥盆统老君山组(D_3l)水下扇砂砾岩组合、下石炭统前黑山组(C_1q)台地潮坪-局限台地碳酸盐岩组合和臭牛沟组(C_1cn)泥岩-粉砂岩组合、上石炭统—下二叠统太原组[(C_2-P_1)t]海陆交互相含煤碎屑岩组合、下二叠统大黄沟组(P_1dh)湖泊三角洲相砂砾岩组合、中二叠统窑沟组(P_2yg)河流砂砾岩-粉砂岩、泥岩组合。

中新生代为陆内河湖相环境,发育了下三叠统刘家沟组(T_1l)河流砂砾岩-粉砂岩-泥岩组合与和尚沟组(T_1h)湖泊泥岩-粉砂岩组合、上三叠统延长组(T_3yc)湖泊三角洲砂砾岩-泥岩夹煤线组合、下侏罗统芨芨沟组(J_1j)湖泊泥岩-粉砂岩组合、中侏罗统龙凤山组(J_2l)湖泊相含煤碎屑岩组合、上侏罗统沙枣河组(J_3s)湖泊三角洲砂砾岩组合、下白垩统庙沟组(K_1mg)河流砂砾岩、砂岩、泥岩组合、渐新统清水营组(E_3q)湖泊泥岩-粉砂岩组合、中新统红柳沟组(N_1hl)河流砂砾岩-粉砂岩-泥岩组合和上新统苦泉组(N_2k)河流砂砾岩-粉砂岩-泥岩组合。

第三章 地质建造与大地构造环境

地质建造是地球形成、发展过程中形成的各种岩石和岩石组合,主要包括沉积岩、火山岩、侵入岩、变质岩和构造岩"五大岩"。不同的大地构造阶段、不同的大地构造环境形成了不同的岩石和岩石组合。

第一节 基底杂岩-古弧盆系演化阶段地质建造

太古宙—古元古代为古弧盆系演化形成基底杂岩(陆核)时期。太古宙—古元古代变质岩广泛分布于华北陆块区、阿拉善陆块,少量呈零散的地块分布于敦煌陆块以及天山-兴蒙造山系中的岩浆弧(或岛弧)之中。

一、古太古代基底杂岩

古太古代兴和岩群($Ar_1X.$)是内蒙古最古老的变质岩系,只出露在华北陆块区鄂尔多斯陆块乌拉山-兴和基底杂岩带之中(图3-1)。

兴和岩群($Ar_1X.$)为麻粒岩-紫苏斜长变粒岩-磁铁石英岩组合,岩性包括角闪二辉麻粒岩、角闪紫苏麻粒岩、黑云紫苏斜长麻粒岩、紫苏黑云斜长麻粒岩、紫苏花岗质麻粒岩、紫苏二长麻粒岩、二辉磁铁石英岩、斜长角闪岩、含铁石英岩等,其原岩为中基性—中酸性火山岩、碎屑岩和硅铁质岩。

在浑源窑地区1:5万区域地质调查报告(石家庄经济学院,2001)中,测得角闪二辉斜长麻粒岩中透辉石Sm-Nd等时线年龄为3740±39Ma。

(本次潜力评价项目天津地质调查中心编写的《华北地区成矿地质背景研究报告》中将兴和岩群归入新太古代集宁岩群上部。)

二、中太古代、中-新太古代基底杂岩-古弧盆系变质岩

(一)中太古代陆核-古岛弧变质岩

1. 乌拉山岩群

中太古代乌拉山岩群($Ar_2W.$)主要分布于华北陆块区(图3-1),包括两个岩组,下部哈达门沟岩组($Ar_2h.$)和上部桃儿湾岩组($Ar_2t.$)。局部地段乌拉山岩群未作进一步岩组划分。

乌拉山岩群的同位素年龄主要在(26~24)亿年之间,少数较大年龄有:侵入乌拉山岩群的叶百沟斜长角闪岩全岩Sm-Nd等时线年龄2822±2Ma(吉林大学,2001)、孔兹岩系Sm-Nd等时线年龄3240~2910Ma(万渝生,2000)。

1)哈达门沟岩组

哈达门沟岩组($Ar_2h.$)主要包括5种岩石组合。

(1)古弧盆系环境斜长角闪岩-变粒岩-磁铁石英岩组合,岩性主要为黑云角闪长石片麻岩、黑云二长片麻岩、角闪斜长片麻岩、含辉斜长角闪岩、斜长角闪岩、磁铁石英岩、磁铁斜长角闪岩、变粒岩、混合岩、大理岩等,原岩建造为钙碱性—中基性火山岩夹中酸性火山岩、碎屑岩、碳酸盐岩及硅铁质岩组合。

(2)古弧盆系环境斜长角闪岩-变粒岩-大理岩组合,主要分布于狼山地区,岩性主要为角闪斜长片麻岩、黑云角闪斜长片麻岩、硅线二云石英片岩、白云石英片岩、磁铁石英岩、透辉变粒岩、大理岩、混合岩等,为中压高角闪岩相变质相系,原岩为中基性火山岩夹硅铁质岩、钙硅酸盐岩、碳酸盐岩组合。

(3)陆核环境斜长角闪岩-石英岩组合,仅分布于乌拉山-兴和基底杂岩带之中,岩性主要为黑云角闪长英片麻岩、黑云长石片麻岩、黑云角闪斜长片麻岩、角闪二长片麻岩、斜长角闪岩等,原岩为中酸性火山碎屑沉积岩夹中基性火山岩组合。

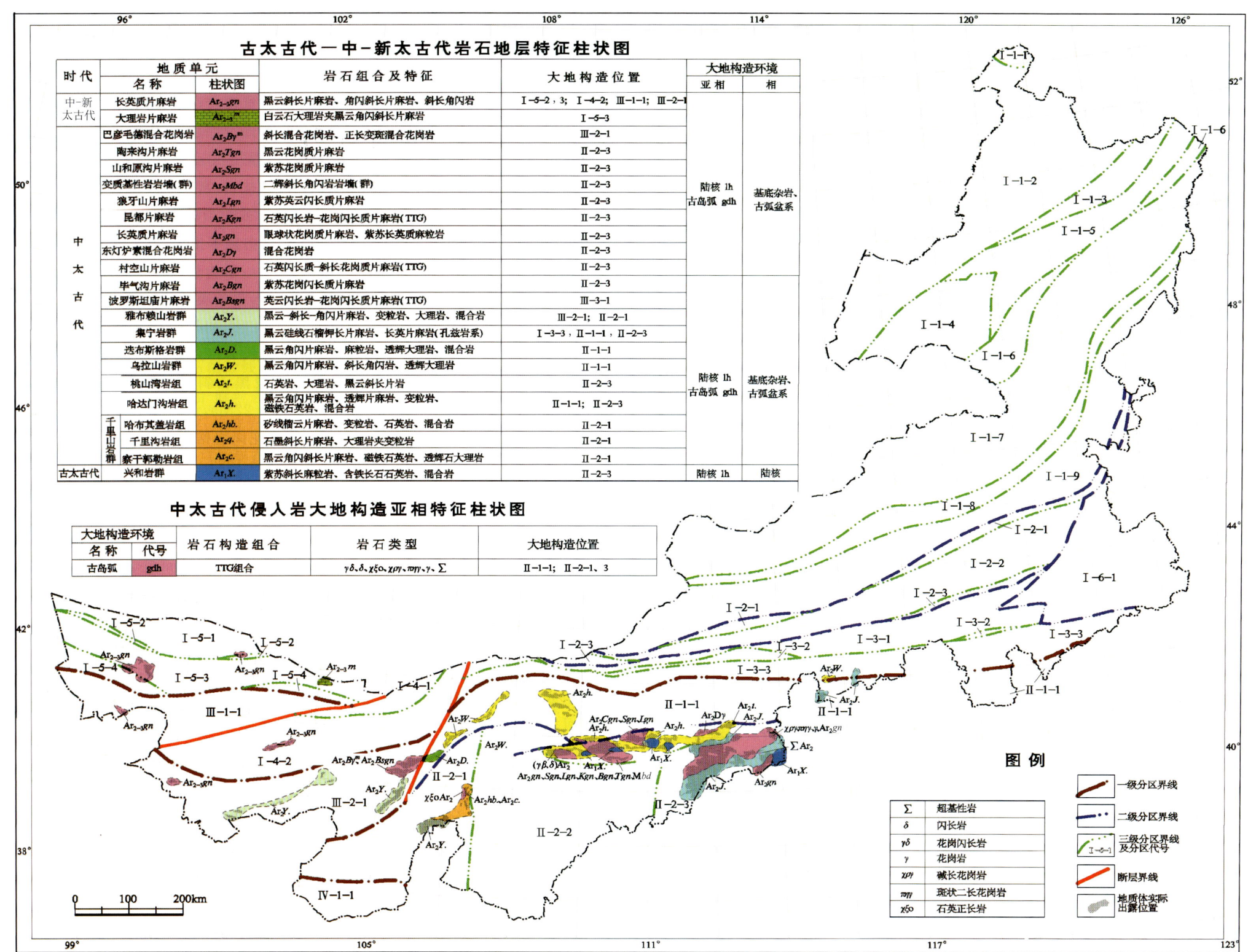

图 3-1 古太古代—中-新太古代变质岩分布及其特征图

9）变质基性岩墙组合

变质基性岩墙组合（$MbdAr_2$）出露在乌拉山-兴和基底杂岩带之中包头市东北部，岩性主要为（二辉）斜长角闪岩、石榴角闪二辉麻粒岩、变质辉绿辉长岩，原岩为基性岩类。

10）山和原沟片麻岩

山和原沟片麻岩（$SgnAr_2$）出露在乌拉山-兴和基底杂岩带之中包头市东边的山和原沟、北边的大庙等地，岩性主要为紫苏黑云花岗质片麻岩、紫苏黑云花岗闪长质片麻岩，原岩为花岗闪长岩-花岗岩（GG）组合。

11）陶来沟片麻岩

陶来沟片麻岩（$TgnAr_2$）出露在乌拉山-兴和基底杂岩带之中固阳县公益明南边陶来沟地区及营盘湾镇西侧，岩性主要为黑云花岗质片麻岩、黑云钾长花岗质片麻岩，原岩为花岗岩。

7. 中太古代变质侵入岩类

中太古代变质侵入体主要分布于固阳-兴和变质地带东部区，并向南延伸至吕梁变质地带，以变质石榴花岗岩为主，并呈大面积分布，另有变质辉长岩和碱性花岗岩零星出露。它们的产出多与集宁岩群紧密共生，主要的变质岩岩石组合划分如下。

1）含石英闪长岩-花岗岩组合

该组合出露在乌拉山-兴和基底杂岩带西部，岩性主要为中粗粒含石英闪长岩（δAr_2）、中粗粒黑云二长花岗岩和中粗粒眼球状黑云母花岗岩（$\gamma\beta Ar_2$），属偏铝质碱性系列、壳幔混合源，为活动大陆边缘产物。

2）石英正长岩-石英闪长岩组合

该组合出露在贺兰山被动陆缘东北部，岩性主要为石英正长岩（$\chi\xi oAr_2$）和石英闪长岩，属钠质碱性系列、壳幔混合源，为活动大陆边缘产物。伟晶岩脉 K-Ar 同位素年龄 1714Ma。

3）碱性花岗岩-钙碱性花岗岩组合

该组合出露在乌拉山-兴和基底杂岩带中东部，岩性包括中粒（榴石）碱长花岗岩（$\chi\xi oAr_2$）、榴石花岗岩（γAr_2）、似斑状含榴石二长花岗岩（$\pi\eta\gamma Ar_2$）和灰黑色中粒角闪辉长岩，属过铝质中高钾钙碱性系列、壳幔混合源，为活动大陆边缘产物。榴石花岗岩（γAr_2）U-Pb 同位素年龄 1867Ma。

（二）中-新太古代陆核-古弧盆变质岩

1. 中-新太古代陆核大理岩片麻岩

大理岩夹片麻岩（Ar_{2-3}^m）出露于北山弧盆系红石山裂谷东部，岩性为中厚层白云石大理岩、中薄层蛇纹石化白云石大理岩夹黑云斜长片麻岩、黑云角闪斜长片麻岩、黑云角闪斜长变粒岩、黑云二长变粒岩、黑云二长片麻岩等，原岩为富镁碳酸盐岩夹中酸性、中基性火山岩。

2. 中-新太古代陆核系长英质片麻岩

中-新太古代长英质片麻岩（$gnAr_{2-3}$）零星分布于北山弧盆系、敦煌陆块和哈日博日格弧盆系之中。包括多种岩石组合。

1）北山弧盆系中-新太古代长英质片麻岩（$gnAr_{2-3}$）

该片麻岩包括3种岩石组合。

（1）二云钾长变粒岩-含铁石英岩-斜长角闪混合岩组合，岩性包括二云钾长变粒岩、石英变粒岩、石英岩、斜长角闪质条痕状混合岩，夹薄层大理岩、黑云石英片岩、磁铁绢云石英片岩，原岩为碎屑岩、中基性火山岩夹中酸性火山岩、碳酸盐岩及硅铁质岩。

（2）黑云斜长片麻岩-黑云斜长混合岩组合，岩性为灰黑色混合岩化黑云斜长片麻岩、长英质黑云斜长条痕状混合岩夹片理化大理岩，原岩为中酸性火山岩、碎屑岩夹碳酸盐岩。

（3）黑云角闪斜长片麻岩-黑云斜长混合岩组合，岩性包括黑云角闪斜长片麻岩、黑云斜长条痕状混合岩、均质混合岩，夹大理岩、黑云石英片岩、角闪片岩等，原岩为中基性火山岩夹碎屑岩、碳酸盐岩。

2）敦煌陆块中-新太古代长英质片麻岩

敦煌陆块中-新太古代长英质片麻岩（$gnAr_{2-3}$）出露于卧虎山东，为黑云斜长变粒岩-黑云角闪斜长片麻岩-斜长角闪岩组合，岩性包括黑云斜长变粒岩、混合岩化黑云斜长片麻岩、斜长角闪岩、厚层状大理岩夹角闪斜长片麻岩、薄层大理岩、石英岩等，原岩为中酸性、中基性火山岩夹碎屑岩、碳酸盐岩。

3）哈日博日格弧盆系中-新太古代长英质片麻岩

哈日博日格弧盆系中-新太古代长英质片麻岩（$gnAr_{2-3}$）岩性包括深灰色角闪黑云斜长片麻岩、含石榴二云斜长片麻岩、含石榴黑云钾长片麻岩、黑云二长片麻岩、黑云角闪二长片麻岩、二云二长片麻岩、二云斜长片麻岩、二云石英片岩斜长角闪岩、斜长角闪片岩、肉红色混合质二长浅粒岩、黑云二长浅粒岩、石榴二长浅粒岩、含石榴浅粒岩、黑云变粒岩、黑云二长变粒岩、二长变粒岩及含石墨大理岩等，原岩为中基性—中酸性火山岩夹碎屑岩、碳酸盐岩。

三、新太古代基底杂岩-古弧盆系变质岩

新太古代变质岩主要分布在华北板块区，其北侧附近少有出露。主要的变质岩岩石单位包括阿拉善岩群、色尔腾山岩群、二道洼岩群、建平岩群、伙家沟表壳岩以及规模不等的变质侵入体（图 3-2）。

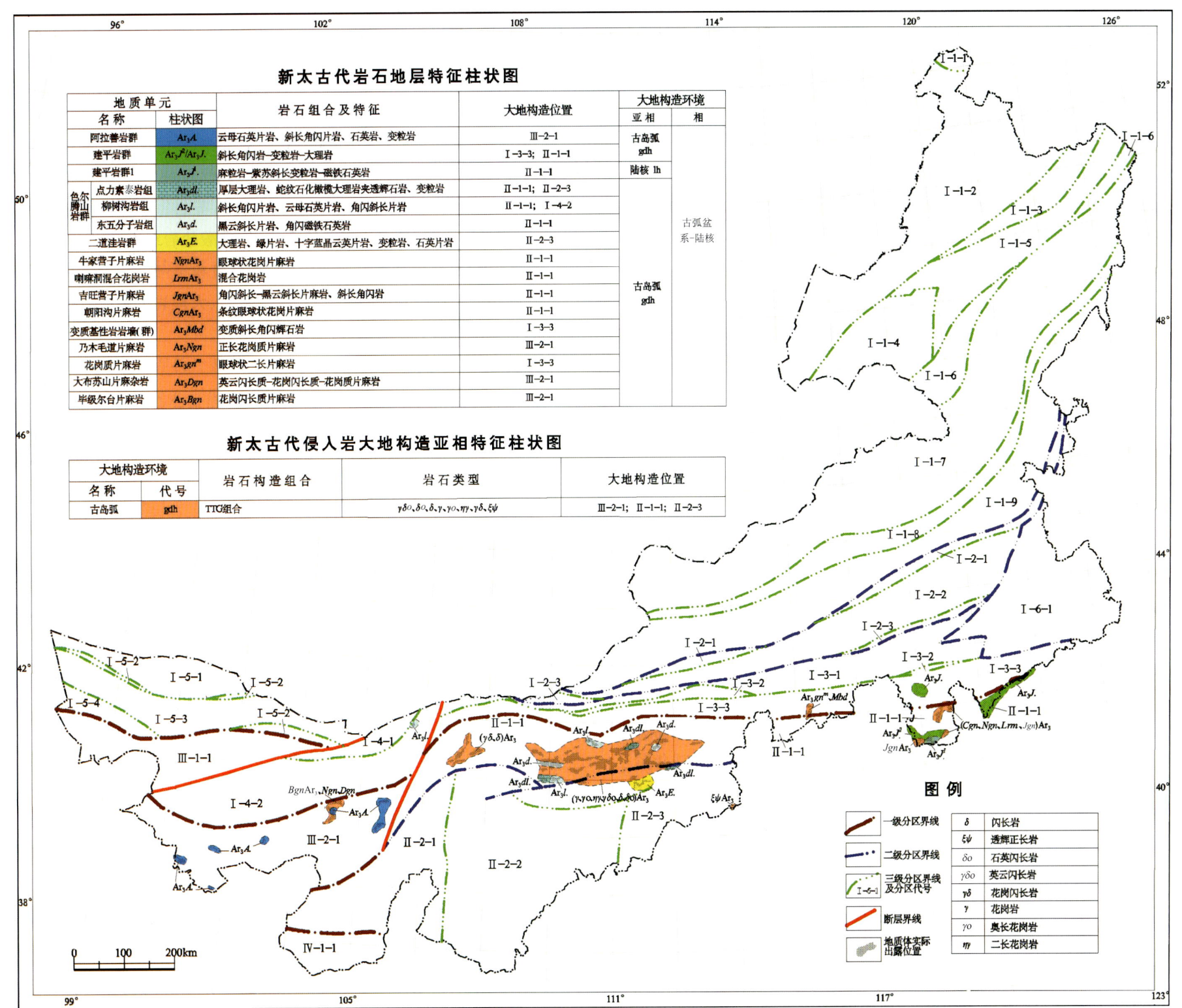

图 3-2 新太古代变质岩分布图

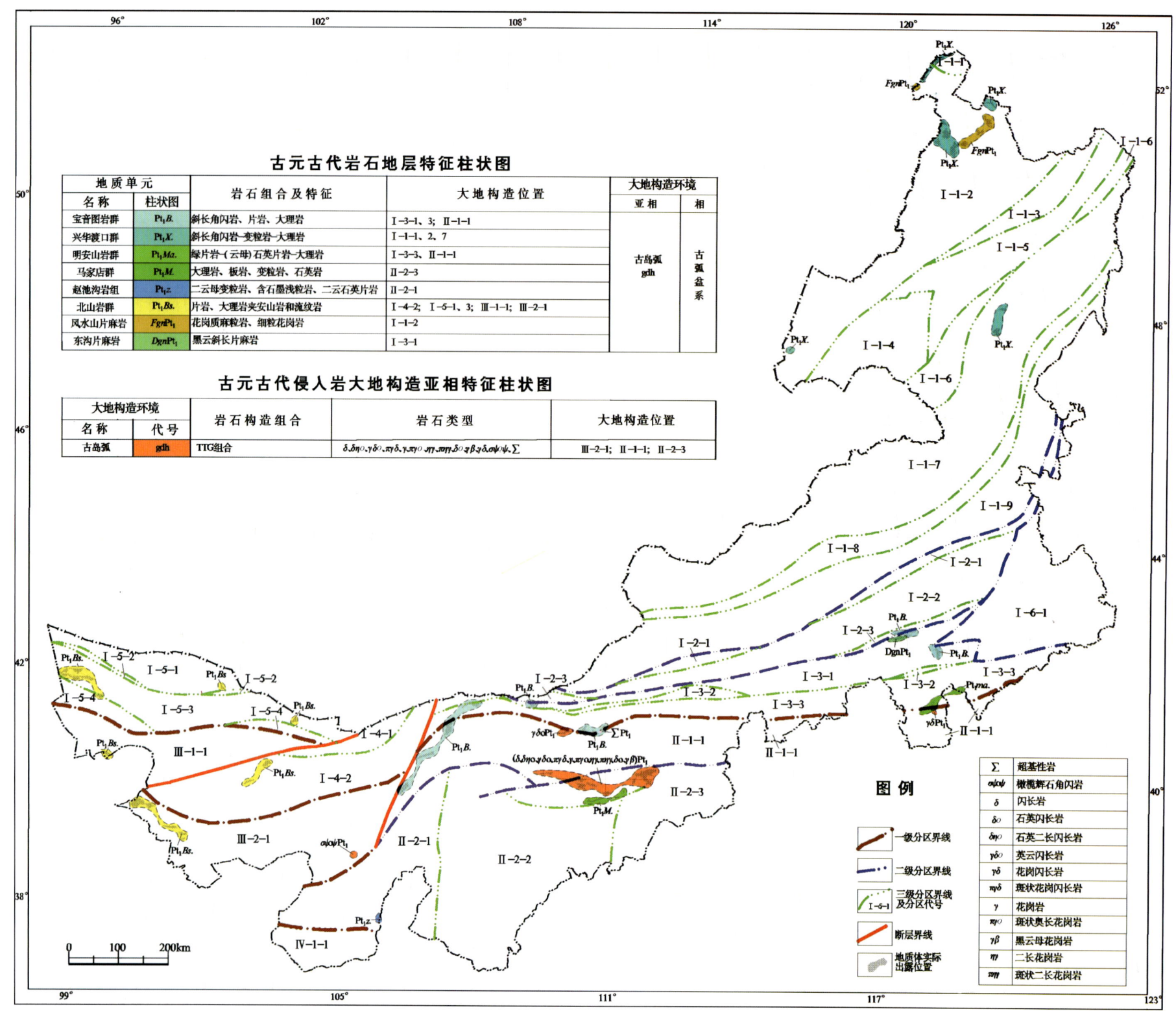

图 3-3　古元古代变质岩分布图

（一）古元古代古弧盆系变质表壳岩

1. 北山岩群

北山岩群($Pt_1Bs.$)分布于内蒙古西部北山弧盆系、敦煌陆块和哈日博日格弧盆系南部。其变质作用特征属于中压低绿片岩相-高绿片岩相或中压低绿片岩相-低角闪岩相的区域动力热流变质作用，在不同地带的岩石组合及含矿性略有差异。

1）黑云石英片岩-斜长角闪岩夹二云母片岩组合

该组合出露于北山弧盆系伊坑乌苏南部，岩性主要为黑云石英片岩夹二云母片岩、角闪片岩变质建造和斜长角闪岩，原岩为中基性火山岩夹碎屑岩组合。

2）黑云变粒岩-黑云二长片岩夹石榴石石英片岩、大理岩组合

该组合分布于红石山裂谷东部都热乌拉地区。原岩建造为中酸性火山岩夹碎屑岩、碳酸盐岩组合。

3）磁铁云母石英片岩-角闪斜长变粒岩组合

该组合分布于圆包山岩浆弧西部白疙瘩山—甜水井地区和狼头山-杭乌拉俯冲带，岩性主要为黑云石英片岩夹大理岩、条带状混合岩、磁铁黑云石英片岩、角闪斜长变粒岩、二云石英片岩，原岩建造分别为中酸性火山岩-中基性火山岩夹硅铁质岩、碳酸盐岩组合。

4）云母石英片岩-石英岩组合

该组合分布于圆包山岩浆弧西部白疙瘩山—甜水井地区，岩性主要为绢云石英片岩、黑云石英片岩、石英岩、绿泥石英片岩、斜长角闪片岩、片麻岩、大理岩。原岩建造为碎屑岩-中酸性火山岩夹中基性火山岩及碳酸盐岩组合。

5）大理岩组合

该组合分布于圆包山岩浆弧西部白疙瘩山—甜水井地区，由石墨大理岩-碎屑大理岩-条带状大理岩夹石英岩和石墨大理岩-白云质大理岩-硅化大理岩混合岩构成。原岩为泥砂质碳酸盐岩-富镁碳酸盐岩组合。

6）黑云石英片岩-斜长角闪岩夹磁铁石英岩组合

该组合分布于巴彦毛道岩浆弧，包括：①黑云石英片岩-斜长角闪岩夹磁铁石英岩，赋存3个井铁矿点；②黑云石英片岩夹角闪片岩；③黑云石英片岩-斜长角闪岩夹榴云石英片岩。原岩为中酸性火山岩-中基性火山岩夹碎屑岩、铁硅质岩组合。

7）十字云英片岩-斜长角闪片岩夹黑云二长片麻岩组合

该组合分布于巴彦毛道岩浆弧，原岩为碎屑岩-中基性火山岩夹中酸性火山岩组合。

8）大理岩夹碳质板岩组合

该组合分布于巴彦毛道岩浆弧，原岩为碳酸盐岩夹碳质泥岩组合。

9）含磁铁云母石英片岩-黑云透闪变粒岩-二云石英岩组合

该组合分布于柳园裂谷，原岩建造为中酸性火山岩-碎屑岩夹中基性火山岩、镁质碳酸盐岩及硅铁质岩组合。

10）（石榴、电气）云母石英片岩-含长石石英岩夹透闪石岩组合

该组合分布于柳园裂谷，原岩为砂泥质碎屑岩夹基性火山岩组合。

2. 宝音图岩群

宝音图岩群($Pt_1B.$)分布于内蒙古中东部华北陆块区北缘及其北侧敖仑尚达-翁牛特旗岩浆弧之中。总体上经受了中压低绿片岩相-低角闪岩相或中压低绿片岩相-高绿片岩相的区域动力热流变质作用。

宝音图岩群变质岩包括石英岩-十字蓝晶二云石英片岩夹黑云石英片岩组合、十字蓝晶石榴云英片岩-石英岩夹绿片岩、磁铁石英岩组合、十字蓝晶石榴云英片岩-石英岩夹角闪片岩、磁铁石英岩组合和蓝晶十字石榴云英片岩-石榴石英岩夹磁铁斜长角闪(片)岩、大理岩组合等，原岩为石英砂岩-长石石英砂岩、泥岩夹中基性火山岩、碳酸盐岩、含铁硅质岩等，为弧前盆地亚相。

3. 赵池沟岩组

赵池沟岩组($Pt_1z.$)出露于贺兰山被动陆缘盆地中段的赵池沟，面积不大。岩石组合为二云变粒岩-石墨变粒岩-二云石英片岩组合。原岩为碳质砂岩-砂泥质碎屑岩，经受了中压低绿片岩相-高绿片岩相的变质作用，为陆棚碎屑岩沉积。

4. 马家店群

马家店群(Pt_1M)分布于乌拉山-兴和变质地带大青山地区，多见于美岱召、马家店等地。经过了低绿片岩相-高绿片岩相区域低温动力变质作用，形成了板岩-石英岩-大理岩组合。其中包括大理岩夹绢云石英片岩、砂质板岩-凝灰质板岩夹千枚岩、变粒岩-石英岩、白云岩-结晶灰岩夹片岩、变质砂岩-板岩-变安山岩5个变质岩建造。原岩为砂岩、砂泥质岩、碳酸盐岩夹安山质火山岩组合，为古弧盆系相弧后盆地亚相。

5. 兴华渡口岩群

兴华渡口岩群($Pt_1X.$)分布于大兴安岭弧盆系的额尔古纳岛弧和东乌珠穆沁旗-多宝山岛弧之中，经受了中低压低绿片岩相-低角闪岩相的区域动力热流变质作用。

1）黑云角闪变粒岩-含矽线黑云片麻岩-斜长角闪(片)岩-红柱石榴二云片岩夹大理岩组合

该组合分布于额尔古纳岛弧的莫尔道嘎镇-河西林场地区、阿利亚金厂南、北地区。包括黑云变粒岩-角闪变粒岩，含矽线黑云片麻岩-红柱石榴二云片岩，斜长角闪片岩-绿帘阳起片岩-透辉角闪片岩，石英岩-透闪大理岩。原岩为碎屑岩-中基性火山岩夹碳酸盐岩组

扎兰屯俯冲增生杂岩带偏南部,与蛇绿混杂岩共生或相距不远,其北部为泥盆纪洋壳性质的蛇绿岩,俯冲增生杂岩带由北到南、由新到老反映出古亚洲洋在向北西俯冲,大洋北部洋壳以及大洋中脊已经俯冲至东乌珠穆沁旗-多宝山岛弧之下消失,现今地表残留的是古亚洲洋南部洋壳残片。古洋壳的分布代表早期古亚洲洋曾经发育的位置,或者反映出早期古亚洲洋俯冲增生杂岩带的位置。

(2)在温都尔庙-套苏沟俯冲增生杂岩带之中出露桑达来呼都格组(Pt_2s),该组为绿片岩-变质安山岩夹含铁石英岩变质建造,原岩为洋壳性质的细碧角斑岩、含铁硅质岩和安山岩建造。

温都尔庙-套苏沟俯冲带向南俯冲,该洋壳属于华北陆块区北缘小洋盆。

4. 哈尔哈达组

中元古界温都尔庙群哈尔哈达组(Pt_2h)出露于林西残余盆地中西部的南部两侧俯冲带附近,其中北侧出露于贺根山-扎兰屯俯冲增生杂岩带南缘与锡林浩特岩浆弧交换地带;南侧出露于温都尔庙-套苏沟俯冲增生杂岩带与敖仑尚达-翁牛特旗岩浆弧交会地带,为远洋沉积。

(1)林西残余盆地北侧哈尔哈达组为二云石英片岩-(蓝闪、绿帘)绿泥石英片岩-变质砂岩夹磁铁石英岩组合,属蛇绿混杂岩相远洋沉积亚相。该组包括:①变质砂岩夹绿帘石英片岩、绿泥斜长片岩、变质凝灰岩变质建造;②石英岩-绢云石英片岩-绿泥石英片岩-角闪片岩夹含铁石英岩变质建造;③绢云石英片岩-绿泥石英片岩夹蓝闪绿帘绿泥片岩及多层磁铁石英岩变质建造;④云母石英片岩夹浅粒岩、磁铁石英岩变质建造;⑤云母石英片岩-浅粒岩-绿泥石英片岩夹长石石英砂岩、石榴磁铁石英岩变质建造。原岩建造为碎屑岩-基性火山岩夹硅铁质岩组合。

(2)林西残余盆地南侧哈尔哈达组为蛇绿混杂岩相远洋沉积亚相二云石英片岩-(蓝闪、硬柱)绿泥石英片岩夹含铁石英岩组合,该组合由云母石英片岩-(含硬柱石、黑硬绿泥石)绿泥石英片岩夹蓝闪石片岩、蓝闪石英岩及含铁石英岩变质建造构成。原岩建造为细碎屑岩、含铁硅质岩夹中基性火山岩组成。

5. 中元古代古大洋变质基性-超基性岩

中元古代古大洋变质基性—超基性岩组合主要出露于俯冲增生杂岩带之中。

在海拉尔-呼玛弧后盆地南侧俯冲增生杂岩带之中出露中元古代斜长角闪岩和含橄榄石角闪辉石岩;在海拉尔-呼玛弧后盆地北西侧俯冲增生杂岩带之中出露中元古代蛇纹岩($\varphi\omega Pt_2$)和科马提岩建造($\chi\omega Pt_2$),反映出小洋盆(海拉尔-呼玛小洋盆)的存在。吉峰林场一带出露具有典型鬣刺结构的科马提岩,总体呈北东向展布,构造岩片产于上石炭统新伊根河组(C_2x)内,岩石类型有滑石化蛇纹石化含透辉石橄榄质科马提岩、蛇纹岩、直闪石岩、滑石绿帘石化黝帘石化黑云母化玄武岩。由超镁铁质科马提岩、玄武质科马提岩、拉斑玄武岩和辉长岩等组成的科马提岩系列,由8件科马提岩、辉长岩和拉斑玄武岩样品的Sm-Nd同位素数据构成一条相关性较好的等时线,其Nd模式年龄多数为1589~1799Ma,等时线年龄为1727±74.7Ma,表明该区科马提岩形成于中元古代早期,来源于亏损地幔源区。环二库的蛇纹岩具有强蛇纹石化、透闪石化和滑石化,局部见残余细粒的变质橄榄岩和榄辉岩,其原岩为具有交代残余结构的变质橄榄岩、榄辉岩、角闪辉长岩和玄武岩,Sm-Nd同位素年龄1470±32Ma,相当中元古代。

在温都尔庙-套苏沟俯冲增生杂岩带西部与哈尔哈达组和桑达来呼都格组共生的超基性岩,反映出小洋盆(华北陆块区北缘小洋盆)的存在。

贺根山-扎兰屯俯冲增生杂岩带之中与哈尔哈达组和桑达来呼都格组共生的超基性岩,反映出古亚洲洋的存在。

(二)中元古代陆内裂谷-陆缘裂谷变质岩

1. 长城系

长城系(Ch)出露于华北陆块区北部阴山-冀北陆块之中,近东西向展布。包括书记沟组、增隆昌组、都拉哈拉组、尖山组和高于庄组,为陆缘裂谷型碎屑岩陆表海-碳酸盐岩陆表海环境沉积岩。

1)书记沟组

长城纪书记沟组(Chs)为碎屑岩陆表海环境,包括变质砂岩-石英岩夹云英片岩组合、变质石英砂岩-变质石英砾岩夹石英岩组合和石英岩-变质(含砾)石英砂岩夹变质细砾岩、砂质板岩组合,原岩为砾岩、砂砾岩、含砾石英砂岩夹砂质泥岩组合。

2)增隆昌组

长城纪增隆昌组(Chz)为碳酸盐岩陆表海结晶灰岩-白云岩夹板岩组合,岩性包括结晶灰岩、绢云石英千枚岩、白云岩、泥灰岩夹板岩、石英岩及变质砂岩,原岩为灰岩-白云质灰岩-白云岩夹泥灰岩、泥岩、砂岩。

3)都拉哈拉组

长城纪都拉哈拉组(Chd)为碎屑岩陆表海变质含砾长石石英砂岩-石英岩组合,岩性包括变质含砾长石石英砂岩、变质石英砂岩、变质砾岩、石英岩、变质含砾石英砂岩夹板岩、千枚岩。原岩为含砾长石石英砂岩、含砾石英砂岩夹砾岩、粉砂岩、泥岩及白云岩。

4)尖山组

长城纪尖山组(Chj)为碎屑岩陆表海板岩-变质长石石英砂岩-云母石英片岩组合,岩性包括变质长石石英砂岩、红柱石碳质板岩夹大理岩、泥晶灰岩、粉砂质板岩、千枚状板岩。原岩为长石石英砂岩、石英砂岩、碳质粉砂质泥岩夹泥灰岩、灰岩组合。赋存铁、铌、稀土、金、磷灰石等多种矿产。

5）高于庄组

在赤峰南部出露长城纪变质砂岩-板岩-石英岩夹大理岩组合，自下而上包括常州沟组含蓝线石石英岩夹绢云片岩变质建造、串岭沟组粉砂质板岩-钙质板岩夹赤铁矿层变质建造、大红峪组粉砂质板岩-钙质板岩夹结晶灰岩变质建造及高于庄组（Chg）变质长石石英砂岩夹硅质板岩、白云石大理岩变质建造。原岩为砂岩、泥岩夹灰岩、白云质灰岩组合。图面只表示了高于庄组。

2. 墩子沟组

中元古界墩子沟组（Pt_2d）出露于内蒙古西南部华北陆块区北缘及北侧附近，为浅海绢云千枚岩-大理岩-变质砂岩组合，该组合包括石英绢云千枚岩、砂质板岩、大理岩、变质砂岩、千枚状板岩夹赤铁矿透镜体。原岩为砂岩、泥岩和灰岩组合。

3. 西勒图组

中元古界西勒图组（$Pt_{2-3}x$）分布于贺兰山被动陆缘盆地东部，为被动陆缘陆棚环境灰绿色石英岩-石英砂岩夹页岩组合，岩性主要为变质石英岩、变质石英砂岩、变质海绿石砂岩、变质页岩等。

4. 王全口组

中元古界王全口组（$Pt_{2-3}w$）出露于贺兰山被动陆缘盆地之中，范围很小，为硅质白云岩-白云质灰岩夹砂岩、砂质板岩组合，岩石包括硅质白云岩、白云质灰岩夹砂岩、白云岩夹砂质板岩。属碳酸盐岩台地相台地亚相。

5. 蓟县系

蓟县系出露于华北陆块区北部阴山-冀北陆块之中，近东西向展布，包括哈拉霍疙特组、比鲁特组和阿古鲁沟组，为陆缘裂谷型碎屑岩陆表海-碳酸盐岩陆表海环境沉积岩。

1）哈拉霍疙特组

哈拉霍疙特组（Jxh）变质长石石英砂岩-板岩-结晶灰岩组合，岩石包括变质砂砾岩、变质长石石英砂岩、变质石英砂岩、变质粉砂岩、板岩、二云石英片岩、石英岩、硅质灰岩、泥晶灰岩、大理岩、白云岩等。

2）比鲁特组

比鲁特组（Jxb）含堇青石板岩-含红柱石千枚岩夹绿泥石英片岩组合，岩石包括变质石英砂岩、堇青绢云母板岩、碳质粉砂质板岩、硅质砂质板岩、绿泥石英片岩、红柱绢云千枚岩、千枚状板岩、石英岩、含铁千枚岩等。原岩为石英砂岩-粉砂质碳质硅质泥岩夹基性火山岩、硅铁质岩组合。赋存金、铀等矿产。

3）阿古鲁沟组

阿古鲁沟组（Jxa）变质砂岩-板岩-结晶灰岩组合，岩石包括变质砂岩、板岩、千枚岩、结晶灰岩、泥灰岩、白云岩、阳起石岩、石英岩、云英片岩、含金砾岩、绿泥石片岩等。原岩建造为砂岩-泥岩-灰岩-白云岩夹砾岩、基性火山岩组合。赋存铁、锰、金、铜、铅、锌、硫铁矿、黏土矿等多种矿产。

6. 青白口系

青白口系出露于华北陆块区北缘中部阴山-冀北陆块之中，呈近东西向展布，包括刘鸿湾组、白音布拉格组和呼吉尔图组，为陆缘裂谷型碎屑岩陆表海-碳酸盐岩陆表海环境沉积岩。

1）刘鸿湾组

刘鸿湾组（Qbl）变质长石石英砂岩-变质含砾石英砂岩-云母石英片岩组合，岩石包括长石石英砂岩、含砾砂岩夹砂砾岩、灰岩。

2）白音布拉格组

白音布拉格组（Qbb）变质长石石英砂岩-板岩-云母石英片岩组合，岩石包括变质长石石英砂岩、变质石英砂岩、变质粉砂岩、粉砂质板岩、千枚岩夹泥灰岩、石榴红柱二云石英片岩等。

3）忽吉尔图组

忽吉尔图组（Qbh）变质砂岩-角闪片岩-结晶灰岩组合，岩石包括变质砂岩、变质石英砂岩、粉砂岩、泥岩、绢云母板岩、结晶灰岩、生物灰岩、大理岩、阳起绿帘黝帘石岩、阳起石角岩、硅质岩、角闪片岩、绢云石英片岩、云母石英片岩和绿帘次闪石岩等。原岩为砂岩-粉砂岩-泥岩-灰岩-基性火山岩-钙硅酸盐岩组合。

4）艾勒格庙组

艾勒格庙组（Pt_3a）出露于贺根山-扎兰屯俯冲增生杂岩带西部艾勒格庙一带，为海相大理岩-绢云石英片岩夹变质流纹质火山岩组合，岩性主要为绢云石英片岩、大理岩夹结晶灰岩、粉砂岩、绢云母板岩及变质流纹质火山岩，经历低绿片岩相-高绿片岩相的区域低温动力变质作用，原岩为碳酸盐岩、砂泥质岩夹酸性火山岩。

7. 中元古代古裂谷变质基性—超基性岩、双峰式侵入岩

中元古代古裂谷变质基性—超基性岩组合、双峰式侵入岩组合主要出露于华北陆块区北缘阴山-冀北陆块之中，在北山弧盆系圆包山岩浆弧、哈日博日格弧盆系巴彦毛道岩浆弧以及大兴安岭弧盆系之中也有少量零星出露。

阴山-冀北陆块之中出露中元古代橄榄岩（ΣPt_2）、橄榄辉长岩（$\sigma\nu Pt_2$）、辉石角闪辉石岩（$\psi\varphi o\nu Pt_2$）、辉石角闪岩（$\varphi o\varphi Pt_2$）、角闪石岩（$\varphi o Pt_2$）、辉长岩（νPt_2）、变质苏长岩（νPt_2）、变质辉绿岩（$\beta\mu Pt_2$）、斜长角闪岩（$\varphi o Pt_2$）、辉长闪长岩（$\delta\nu Pt_2$）、闪长岩（δPt_2）、石英闪长岩（$\delta o Pt_2$）、英云闪长岩（$\gamma\delta o Pt_2$）、花岗岩（γPt_2）和黑云母二长花岗岩（$\eta\gamma\beta Pt_2$）等，反映出陆缘-陆内裂谷环境。

入于古元古代兴华渡口群和南华纪佳疙瘩组,被后期侵入岩侵入。正长花岗岩 U-Pb 同位素年龄为 $863±15Ma$ 和 $654±46Ma$。岩石内普遍含闪长质包裹体,且黑云母、角闪石石英含量较高,为壳幔混合源。中基性岩以中钾-高钾钙碱系列为主;酸碱性岩为高钾钙碱系列-钾玄岩系列,酸性岩构成花岗闪长岩-花岗岩组合(GG)。中基性—酸碱性侵入岩显示出洋俯冲演化过程,前者为俯冲期产物,后者为俯冲成熟后期产物。

3. TTG 组合

该套组合出露于东乌珠穆沁旗-多宝山岛弧南东部,岩性为奥长花岗岩(γoPt_3)和二长花岗岩($\gamma \eta Pt_3$),侵入新元古代南华纪变质岩。

三、寒武纪陆缘裂谷环境地质建造

下寒武统为陆表海沉积岩,主要出露在北山弧盆系(Ⅰ-5)南缘、鄂尔多斯陆块(Ⅱ-2)和东乌珠穆沁旗-多宝山岛弧(Ⅰ-1-7)之中。中寒武统主要为陆表海沉积岩,分布于鄂尔多斯陆块(Ⅱ-2)和北祁连弧盆系(Ⅳ-1)之中。上寒武统主要为碳酸盐岩台地和陆表海沉积岩,分布于北山弧盆系(Ⅰ-5)东部和鄂尔多斯陆块(Ⅱ-2)之中(图 3-6)。

1. 苏中组

下寒武统苏中组($\epsilon_1 sz$)分布于科尔沁右翼前旗西北伊尔施一带,为陆表海灰岩组合,岩性为灰色、灰白色蜂窝状结晶灰岩,厚层状灰岩夹黑色页板岩薄层,与周围地层均呈断层接触,未见顶底,最大厚度仅 142m。在灰岩中含 *Ajaciacyathus* sp.,*Ethmophyllum hinganense* Guo 等古杯化石。

2. 双鹰山组

下寒武统双鹰山组($\epsilon_1 s$)分布于北山弧盆系南缘,为滨海相碎屑岩夹白云岩组合,岩性为黄绿色变质粉砂岩、长石质杂砂岩、长石石英砂岩,夹灰岩、白云岩。

3. 馒头组

下-中寒武统馒头组($\epsilon_{1-2} m$)出露于贺兰山被动陆缘东部,为砂泥岩夹砾岩建造组合,岩性为暗紫色、灰绿色页岩夹粉砂岩,灰白色、紫红色石英砂岩,暗紫色巨砾岩等,含化石 *Eoptychoparia* sp.,*Ptychopariidae* 厚度 64.51m。属陆源碎屑无障壁陆表海环境。

4. 张夏组

中寒武统张夏组($\epsilon_2 z$)分布于华北陆块区鄂尔多斯陆块之中,为灰岩组合,岩性为浅灰色、青灰色薄层灰岩夹鲕状灰岩、竹叶状灰岩、结晶灰岩,含 *Damesella* sp.,*Anomocarelle* sp.,*Amphoton* sp. 及 *Dorypyge* sp.,*Peishania* sp. 等化石,厚度 192.16m。属碳酸盐岩陆表海环境。

5. 香山组

中寒武统香山组($\epsilon_2 x$)分布于华北陆块区北祁连弧盆系之中,为陆源碎屑浊积岩-碳酸盐岩组合,岩性为褐黄色硅质白云岩、硅质灰岩及灰黑色硅质岩夹绿色绢云千枚岩、灰绿色千枚状板岩、灰色灰岩、结晶灰岩夹变质长石石英砂岩,含 *Micrhystridium* sp.,*Ptychoparia* sp.,*Obolella* sp. 等化石,厚度 1647.6m。

6. 老孤山组

中-上寒武统老孤山组($\epsilon_{2-3} l$)出露于华北陆块区鄂尔多斯陆块北部,为陆表海白云岩组合,岩性为浅黄色含燧石条带状白云质结晶灰岩、灰色含虫孔鲕状灰岩、灰白色白云质灰岩,含腕足类 *Obolus* sp.,*Lingulella* sp. 以及三叶虫 *Manchuriella macar* 等化石,厚度 134.50m。

7. 锦山组

上寒武统锦山组($\epsilon_3 j$)出露于温都尔庙弧盆系东部南缘,为碎屑岩夹灰岩组合,岩性为灰色含粉砂绢云板岩、钙质板岩、变质细砂岩夹变质粉砂岩,含陆屑结晶灰岩、钙质长石石英砂岩、大理岩等。砂板岩中水平层理、透镜状层理,发育交错层理少量,厚度大于 211m,为不稳定的陆源-滨浅海相沉积。在钙质石英长石砂岩中产腕足类 *Billingsella* ex gr. *flustuosa*,*Eoorthis* aff. *linnarssoni*,*Huenella* sp. 等化石。为碳酸盐岩陆表海亚相。

8. 固山组、炒米店组

上寒武统固山组($\epsilon_3 g$)+炒米店组($\epsilon_3 c$)出露于华北陆块区鄂尔多斯陆块贺兰山被动陆缘盆地东北角,整合于张夏组之上,为灰岩组合,岩性为厚层白云岩、竹叶状灰岩夹薄层灰岩、灰色竹叶状灰岩、薄层灰岩、泥质条带及白云质灰岩互层夹紫红色页岩,含三叶虫 *Chuangia* sp.,*Blackwelderia* sp.,*Damesella* sp. 和 *Solenoparidae* 等化石,腕足类化石 *Lingulepis* sp.,厚度 773.1m。属碳酸盐岩陆表海环境。

9. 三山子组

上寒武统—下奥陶统三山子组[(ϵ_3—O_1)s]分布于华北陆块区鄂尔多斯陆块之中,为白云岩组合,岩性为灰白色白云岩、白云质灰岩夹泥质灰岩、泥质条带灰岩,含三叶虫 *Paracalvinella cylindrica* 和 *Tsinania* sp. 等化石,厚度 121.07m。属陆表海环境。

10. 西双鹰山组

中寒武统—下奥陶统西双鹰山组[(ϵ_2—O_1)x]分布于北山弧盆系南部狼头山-杭乌拉俯冲增生杂岩带和甜水井-红石山蛇绿混杂岩带之中,为砂岩、粉砂岩、泥岩组合,岩性为浅灰黄色厚层长石石英砂岩、深灰色中厚层杂砂质石英砂岩、灰色中层长石砂岩夹黑色薄层硅质岩及灰岩、钙质细砂岩,含头足 *Coreanoceras* sp.,*Manchuroceras* sp. 和 *Maclurites* sp. 等化石,厚度 1661m。属陆棚碎屑浅海环境。

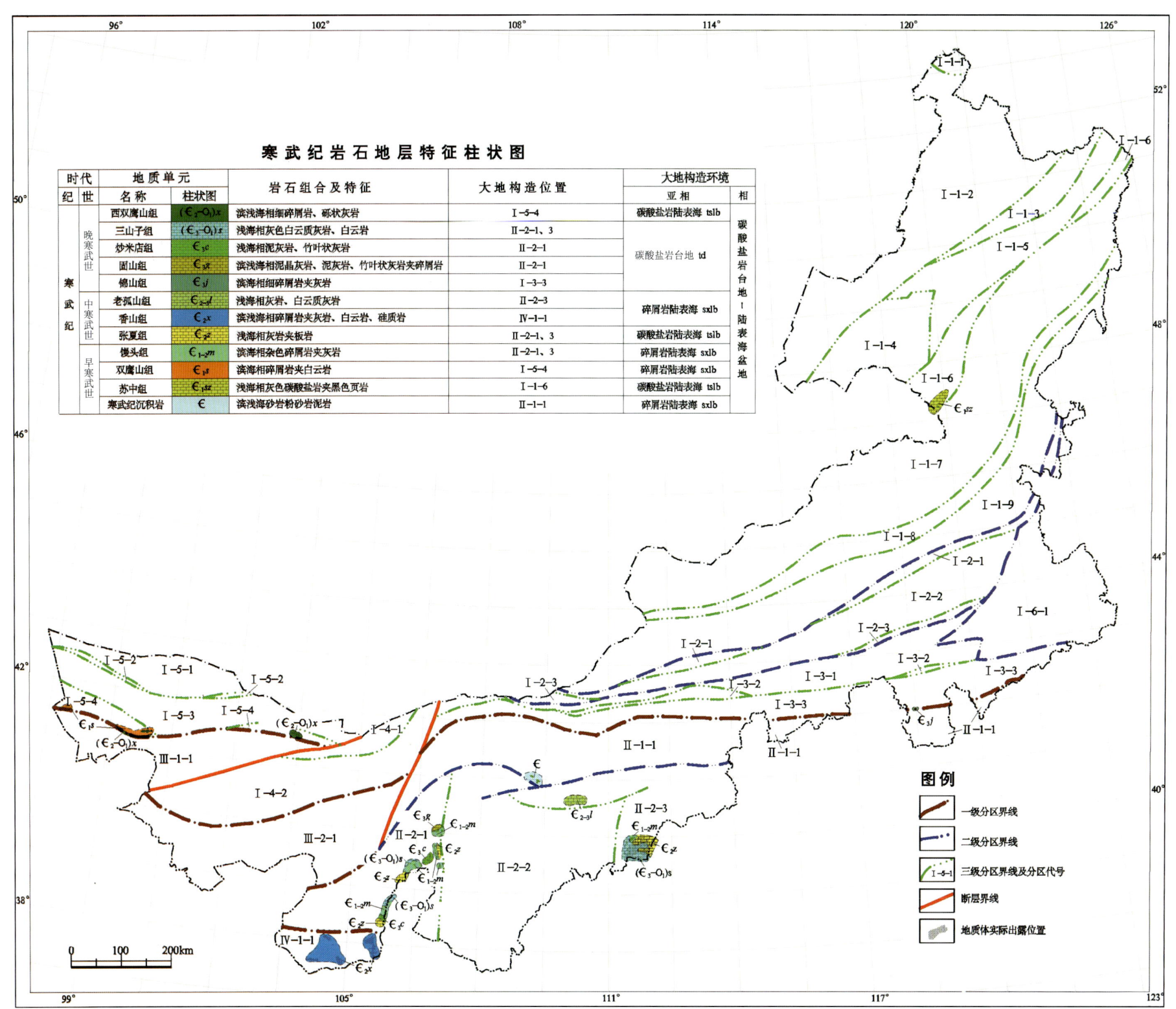

图 3-6 早寒武世地质建造分布图

四、奥陶纪陆表海-弧盆系地质建造

(一)奥陶纪陆表海沉积岩

奥陶纪陆表海沉积岩主要分布在华北陆块区以及北山弧盆系之中(图 3-7)。

1. 山黑拉组

下奥陶统山黑拉组(O_1s)出露于乌拉山-兴和基底杂岩带土默特右旗北部,为白云质灰岩-白云岩组合,岩性为浅灰色、灰白色白云质灰岩,青灰色、黄灰色白云岩,含 *Ellesmeroceras* sp.、*Dongbeiiceras* sp.、*Linchengoceras* sp.、*Quadraticephalus* sp. 等化石,厚度 226.54m。属碳酸盐岩陆表海环境。

2. 马家沟组

下-中奥陶统马家沟组($O_{1-2}m$)出露于华北陆块区鄂尔多斯陆块之中,为灰岩组合,岩性为青灰色厚层块状灰岩夹灰色中厚层燧石条带灰岩,含头足类化石 *Armenoceras* sp.、*Parakogenoceras* sp. 和 *Pseudowutinoceras* sp.,腕足类化石 *Hesperinia* sp.,厚度 443.4m,为碳酸盐岩陆表海环境。

3. 米钵山组

下-中奥陶统米钵山组($O_{1-2}mb$)出露于贺兰山被动陆缘与走廊弧后盆地之中,为滨浅海砂岩、粉砂岩、泥岩组合,岩性主要为灰色、灰绿色石英砂岩、长石石英砂岩,黄绿色板岩、泥板岩,含笔石 *Climacograptus* cf. *shihuigoensis*、*Amplexograptus* sp. 和 *Pseudoclimacograptus* sp. 等化石。

4. 五道湾组

下-中奥陶统五道湾组($O_{1-2}wd$)出露于乌拉特中旗-宁城基底杂岩带东部,为陆表海灰岩组合,岩性主要为深灰色结晶灰岩夹灰白色大理岩、厚层状灰岩、中薄层泥质灰岩,局部为泥质灰岩夹粉砂岩,含笔石火山 *Dictyonema* sp.,厚度 164.6m。

5. 克里摩里组、乌拉力克组和拉什仲组

中奥陶统克里摩里组、乌拉力克组和拉什仲组($O_2k+O_2w+O_2l$)出露于贺兰山被动陆缘盆地东部,为远滨泥岩、粉砂岩夹泥岩组合,岩性主要为灰绿色砂岩、页岩夹灰黄色砂砾岩,灰色薄层灰岩、泥灰岩、灰黑色页岩互层,属陆源碎屑-碳酸盐岩陆表海环境。

6. 二哈公组

中奥陶统二哈公组(O_2e)出露于乌拉山-兴和基底杂岩带中部,为陆表海白云质灰岩组合,岩性主要为灰黄色白云质灰岩、含泥质白云质灰岩夹白云岩。

(二)奥陶纪弧盆系火山-沉积岩

奥陶纪弧盆系沉积岩主要分布在贺根山-扎兰屯俯冲增生杂岩带以北西、温都尔庙-套苏沟俯冲增生杂岩带以南的镶黄旗-敖汉旗陆缘弧和北山弧盆系之中(图 3-7)。

1. 哈拉哈河组

下奥陶统哈拉哈河组(O_1hl)分布于东乌珠穆沁旗-多宝山岛弧科右前旗伊尔施哈拉哈河—苏呼河—马圈一带,主要为浊积岩(砂板岩)-滑混岩组合。

在十七大桥北,该组从下向上由灰色、灰绿色、黄褐色粉细砂岩,粉砂岩,凝灰质板岩,细砂岩和粉砂质板岩组成,厚度大于 684m。粗细相间,为一套韵律明显的复理石建造,反映了海槽下降过程中动荡不安的临滨-远滨沉积环境。

在哈拉哈河南主要为粉砂质板岩、变质石英砂岩、千枚状板岩夹结晶灰岩。哈达盖牧场东则为一套灰色、灰绿斑点板岩夹变质长石石英粉砂岩,出露厚度大于 960m,在马圈一带未见下限,与上覆多宝山组($O_{1-2}d$)呈断层接触。在砂板中产腕足类 *Orthambonites* cf. *trausuersa* Panden、珊瑚 *Kenophyllum* sp. indet,三叶虫 *Illaenus* ? sp. 等化石。

2. 黄斑脊山组

下奥陶统黄斑脊山组(O_1h)出露于海拉尔-呼玛弧后盆地北东部鄂伦春旗南阳河中游两岸,为浊积岩(砂板岩)-滑混岩组合,上部为灰褐色钙质粉砂岩夹绢云板岩;下部为含砾长石砂岩、硬(杂)质石英砂岩,底部为含砾硬(杂)砂岩,厚度 589m,与上覆之大伊希康河组($O_{2-3}dy$)为整合关系,为滨海相沉积。

3. 铜山组

下奥陶统铜山组(O_1t)出露于东乌珠穆沁旗-多宝山岛弧中部,为砂岩-粉砂岩-泥岩组合,岩性为灰色杂砂质长石砂岩、灰黄色细砂岩、深灰色粉砂质板岩、灰黄色变质长石杂砂岩、灰色中细粒砂岩夹硅泥岩,厚度 951.7m,为陆棚碎屑岩滨海环境。

4. 哈拉组

下-中奥陶统哈拉组($O_{1-2}h$)出露于镶黄旗-敖汉旗陆缘弧西部,为含蛇绿岩浊积岩组合,岩性为粉紫色英安质晶屑玻屑岩屑凝灰岩、英安质火山角砾岩屑晶屑凝灰岩夹紫红色沉凝灰岩、灰岩透镜体及玄武岩安山岩等,含 *Callograptus* sp.、*Desmograptus* sp. 和 *Dictyonema* sp. 等化石,厚度 2659m,为陆缘弧环境。

5. 白乃庙组

下-中奥陶统白乃庙组($O_{1-2}bn$)出露于镶黄旗-敖汉旗陆缘弧中西部,为中基性火山碎屑岩、中基性火山岩、粉砂岩、长石石英砂岩夹玢岩及页岩透镜体,厚度 2457m,为岛弧环境。

6. 乌宾敖包组

下-中奥陶统乌宾敖包组($O_{1-2}w$)零星出露于温都尔庙-套苏沟俯冲增生杂岩带、东乌珠

第三章 地质建造与大地构造环境

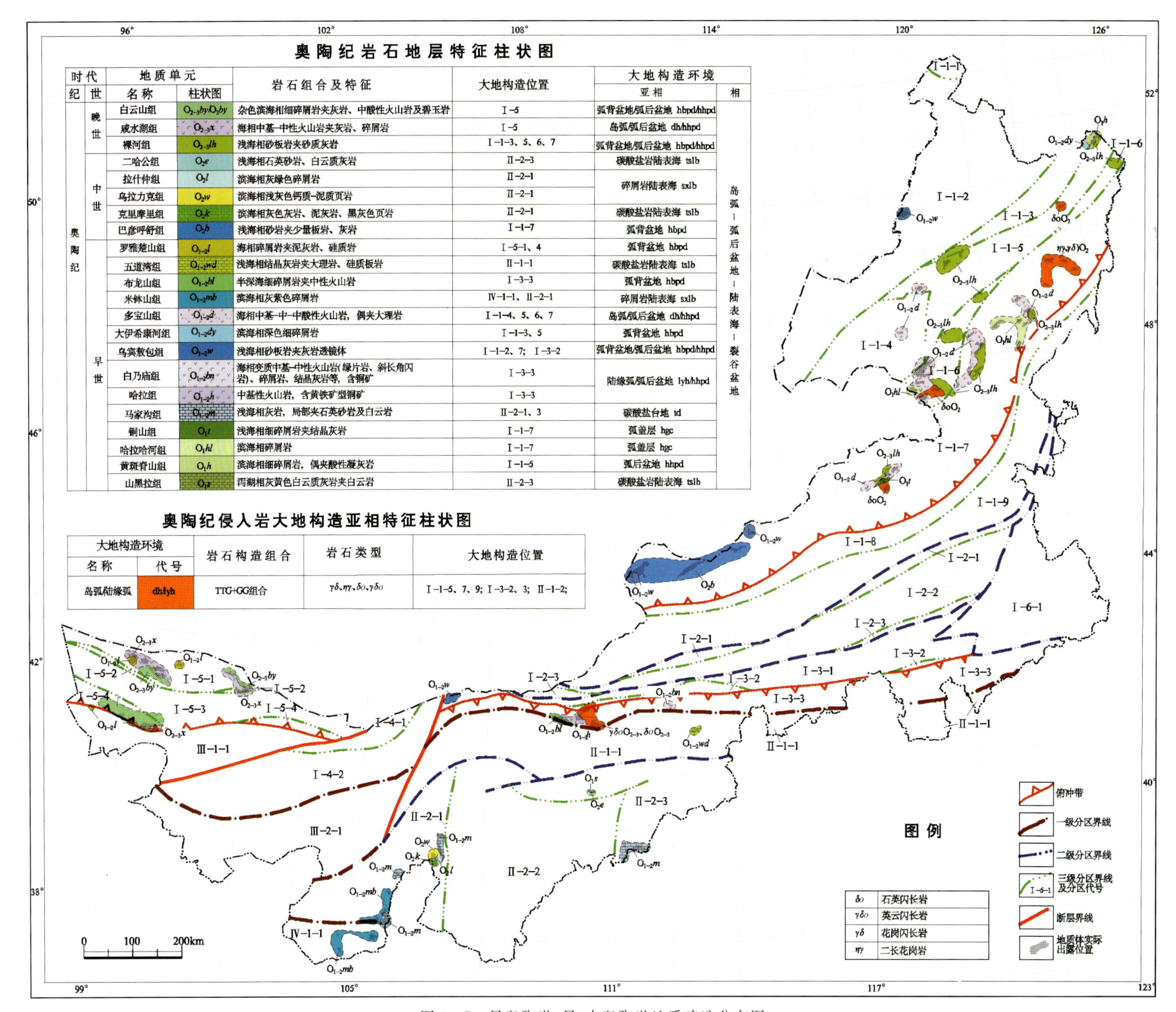

奥陶纪岩石地层特征柱状图

时代		地质单元		岩石组合及特征	大地构造位置	大地构造环境	
纪	世	名称	柱状图			亚相	相
奥陶纪	晚世	白云山组	$O_{2-3}by/O_3by$	杂色滨海相细碎屑岩夹灰岩、中酸性火山岩及碧玉岩	I-5	弧背盆地/弧后盆地 hbpd/hhpd	岛弧—弧后盆地—陆表海—裂谷盆地
		咸水湖组	$O_{2-3}x$	海相中基-中性火山岩夹灰岩、碎屑岩	I-5	岛弧/弧后盆地 dh/hhpd	
		裸河组	$O_{2-3}lh$	浅海相砂板岩夹砂质灰岩	I-1-3, 5, 6, 7	弧背盆地/弧后盆地 hbpd/hhpd	
	中世	二哈公组	O_2e	浅海相石英砂岩、白云质灰岩	II-2-3	碳酸盐岩陆表海 tslb	
		拉什仲组	O_2l	滨海相灰绿色碎屑岩	II-2-1	碎屑岩陆表海 sxlb	
		乌拉力克组	O_2w	滨海相浅灰色钙质-泥质页岩	II-2-1	碳酸盐岩陆表海 tslb	
		克里摩里组	O_2k	滨海相灰色灰岩、泥灰岩、黑灰色页岩	II-2-1	碳酸盐岩陆表海 tslb	
		巴彦呼舒组	O_2b	浅海相砂板岩少量板岩、灰岩	I-1-7	弧背盆地 hbpd	
	早世	罗雅楚山组	$O_{1-2}l$	海相碎屑岩夹泥灰岩、硅质岩	I-5-1, 4	弧背盆地 hbpd	
		五道湾组	$O_{1-2}wd$	浅海相结晶灰岩夹大理岩、硅质板岩	I-1-1	碳酸盐岩陆表海 tslb	
		布龙山组	$O_{1-2}bl$	半深海细碎屑岩夹中性火山岩	I-3-3	弧背盆地 hbpd	
		米钵山组	$O_{1-2}mb$	滨海相紫色碎屑岩	IV-1-1, II-2-1	碎屑岩陆表海 sxlb	
		多宝山组	$O_{1-2}d$	海相中基-中-中酸性火山岩,偶夹大理岩	I-1-4, 5, 6, 7	岛弧/弧后盆地 dh/hhpd	
		大伊希康河组	$O_{1-2}dy$	滨海相深色细碎屑岩透镜体	I-1-3, 5	弧背盆地 hbpd	
		乌宾敖包组		浅海相砂板岩夹灰岩透镜体	I-1-2, 7; I-3-2	弧背盆地/弧后盆地 hbpd/hhpd	
		白乃庙组	$O_{1-2}bn$	海相变质基-中性火山岩绿片岩、斜长角闪岩、碎屑岩、结晶灰岩等,含铜矿	I-3-3	陆缘弧/弧后盆地 lyh/hhpd	
		哈拉组		中基性火山岩,含黄铁矿型铜矿	I-3-3		
		马家沟组	$O_{1-2}m$	浅海相灰岩,局部夹石英砂岩及白云岩	II-2-1, 3	碳酸盐台地 td	
		铜山组	O_1t	浅海相细碎屑岩夹结晶灰岩	I-1-7	弧盖层 hgc	
		哈拉哈河组	O_1hl	滨海相碎屑岩	I-1-7	弧盖层 hgc	
		黄斑昔山组	O_1h	滨海相碎屑岩,偶夹酸性凝灰岩	I-1-5	弧后盆地 hhpd	
		山黑拉组		冯湖相灰黄色白云质灰岩夹白云岩	II-2-3	碳酸盐岩陆表海 tslb	

奥陶纪侵入岩大地构造亚相特征柱状图

大地构造环境		岩石构造组合	岩石类型	大地构造位置
名称	代号			
岛弧/陆缘弧	dh/lyh	TTG+GG组合	$\gamma\delta, \eta\gamma, \delta o, \gamma\delta o$	I-1-5, 7, 9; I-3-2, 3; II-1-2;

图例:
- 俯冲带
- 一级分区界线
- 二级分区界线
- 三级分区界线及分区代号 I-5-1
- 断层界线
- 地质体实际出露位置
- δo 石英闪长岩
- $\gamma\delta o$ 英云闪长岩
- $\gamma\delta$ 花岗闪长岩
- $\eta\gamma$ 二长花岗岩

图 3-7 早奥陶世、早-中奥陶世地质建造分布图

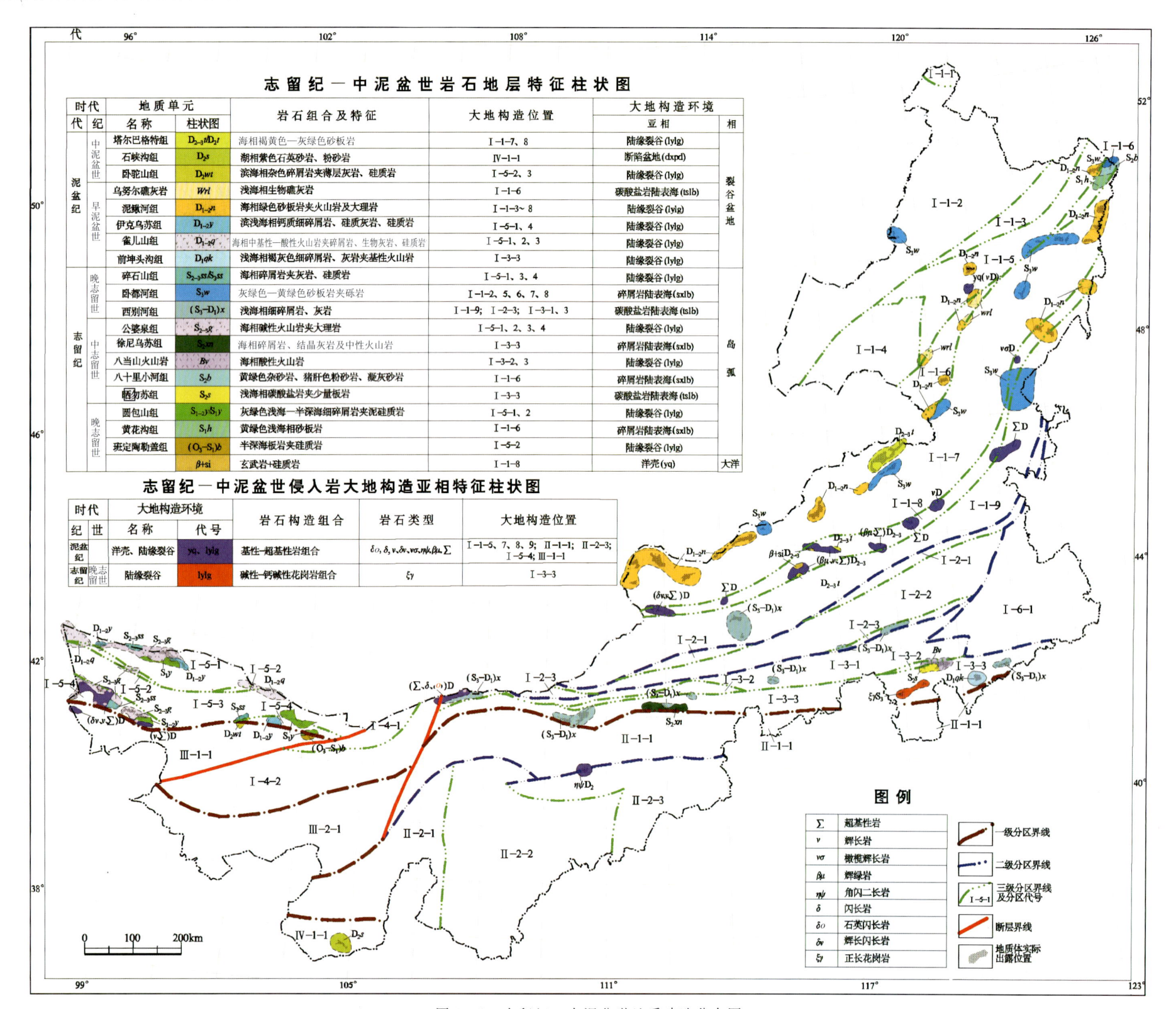

图 3-8 志留纪—中泥盆世地质建造分布图

15. 泥鳅河组

下-中泥盆统泥鳅河组($D_{1-2}n$)主要分布于大兴安岭弧盆系（Ⅰ-1）中北部，为台盆含放射虫硅泥质岩组合，岩性为灰色、灰绿色钙质粉砂质板岩夹结晶灰岩、放射虫硅泥质岩。为陆缘裂谷环境。

16. 乌努尔礁灰岩

下-中泥盆统乌努尔礁灰岩(Wrl)主要分布于大兴安岭弧盆系红花尔基-李增碰山蓝片构造混杂岩带（Ⅰ-1-6），为一套台盆环境含放射虫硅质岩组合，岩性为钙质细粉砂岩、长石石英砂岩、粉质板岩微晶灰岩夹放射虫硅质岩等，属滨浅海碳酸盐岩组合。

17. 卧驼山组

中泥盆统卧驼山组(D_2wt)出露于北山弧盆系东部，为海陆交互相砂泥岩夹砾岩组合，岩性为紫红色长石石英砂岩，灰色、灰绿色凝灰质砂岩，钙质砂岩及杂色长石石英砂岩夹薄层灰岩，底部砾岩及含砾粗砂岩。属陆棚碎屑岩盆地环境。

18. 石峡沟组

中泥盆统石峡沟组(D_2s)出露于北祁连弧盆系（Ⅳ-1）东部，为湖泊砂岩-粉砂岩组合，岩性为灰白色石英砂岩，紫红色粉砂岩夹长石石英砂岩，属坳陷盆地亚相。

19. 塔尔巴格特组

中泥盆统塔尔巴格特组(D_2t)主要出露于东乌珠穆沁旗-多宝山岛弧（Ⅰ-1-7）中部，为远滨泥岩、粉砂岩组合，岩性为黄色、褐灰色硅质粉砂岩，暗紫色、黄褐色、黑色泥板岩，灰色、褐灰色、砖灰色泥质粉砂岩，砖灰色、浅褐灰色含粉砂泥岩，黄绿色粉砂岩，灰—暗灰色硅泥质板岩，灰褐色凝灰岩及灰色硅泥质泥岩。

（二）陆缘裂谷侵入岩

1. 晚志留世碱性—钙碱性花岗岩组合

晚志留世陆缘裂谷碱性—钙碱性花岗岩组合出露在温都尔庙弧盆系（Ⅰ-3）东部赤峰一带，以二长花岗岩($\eta\gamma$)、正长花岗岩($\xi\gamma$)为主，K-Ar同位素年龄为184～212Ma，岩石蚀变[黑云母变质为绢（白）云母]，年龄可能偏新，在二长花岗岩中测锆石U-Pb年龄为462.9Ma，3个钾长石Pb-Pb同位素年龄403～517.8Ma，3个样品模式年龄为480Ma（可能为早泥盆世）。根据标准矿物命名，正长花岗岩为白岗岩，二长花岗岩为正长花岗岩，为碱过饱和铝过饱和岩石类型，岩石具晶洞构造，文象结构，其内充填石英晶簇和白云母集合体，判别构造环境为陆缘裂谷。

2. 中泥盆世陆缘裂谷-大洋侵入-火山-沉积岩

中泥盆世侵入岩只有基性—超基性岩出露，主要分布在狼头山-杭乌拉俯冲增生杂岩带、温都尔庙-套苏沟俯冲增生杂岩带和贺根山-扎兰屯俯冲带之中，在华北陆块区和海拉尔-呼玛弧后盆地少有出露。包括基性—超基性岩、玄武岩和硅质岩。基性—超基性岩岩性主要为蛇纹岩、碳酸盐化滑石化蛇纹岩、辉长岩、角闪辉长岩、橄榄辉石岩、辉绿岩、蚀变闪长岩、石英闪长岩、角闪二长岩、英云闪长岩和辉石闪长岩等。代表陆缘裂谷-大洋环境。

六、中-晚泥盆世弧盆系地质建造

上泥盆统岛弧火山岩-沉积岩主要分布在大兴安岭弧盆系贺根山-扎兰屯俯冲带（Ⅰ-1-8）以北，晚泥盆世岛弧-陆缘弧侵入岩分布广泛（图3-9）。

（一）中-晚泥盆世弧盆系火山-沉积岩

1. 大民山组

中-上泥盆统大民山组($D_{2-3}d$)主要出露于贺根山-扎兰屯俯冲带（Ⅰ-1-8）以北，为岛弧玄武岩-安山岩-流纹岩组合夹沉积岩，岩性为石英角斑岩、细碧岩、放射虫硅质岩、中酸性火山岩夹砂岩、灰岩等，厚度大于1100m，为壳幔混合源、拉斑系列和钙碱系列、中钾—高钾系列，构造环境为岛弧。

2. 安格尔乌拉组

上泥盆统安格尔乌拉组(D_3a)主要出露于东乌珠穆沁旗-多宝山岛弧（Ⅰ-1-7）中西部，为滨海砂岩、泥岩夹砾岩组合，岩性为黄色、黄绿色泥质粉砂岩，黄绿色泥质板岩，深绿色粉砂质板岩，绿黑色斑点板岩，灰白色泥质粉砂岩及灰岩与砾岩透镜体。

3. 老君山组

上泥盆统老君山组(D_3l)出露于北祁连弧盆系（Ⅳ-1）之中，为水下扇砂砾岩组合，岩性为紫红色砾岩、砂砾岩、石英粗砂岩及砂岩，为坳陷盆地沉积。

4. 西屏山组

上泥盆统西屏山组(D_3x)出露于北山弧盆系（Ⅰ-5）东部，为海陆交互相砂泥岩夹砾岩组合，岩性为紫红色长石石英砂岩，灰绿色凝灰质砂岩、钙质砂岩及杂色长石石英砂岩夹薄层灰岩，底部砾岩及含砾粗砂岩。属陆棚碎屑岩陆棚亚相。

（二）晚泥盆世弧盆系侵入岩

晚泥盆世岛弧-陆缘弧TTG-GG组合侵入岩分布于古亚洲洋两侧，岩性包括闪长岩、石英闪长岩、石英二长闪长岩、英云闪长岩、花岗闪长岩、黑云母花岗岩、奥长花岗岩和二长花岗岩等。北山弧盆系中西部英云闪长岩($\gamma\delta o$)K-Ar同位素年龄361.9Ma；镶黄旗、敖汉旗陆缘弧多伦东南出露的花岗闪长岩($\gamma\delta$)SHRIMP锆石U-Pb同位素年龄为374Ma。

中-晚泥盆世、晚泥盆世岩石地层特征柱状图

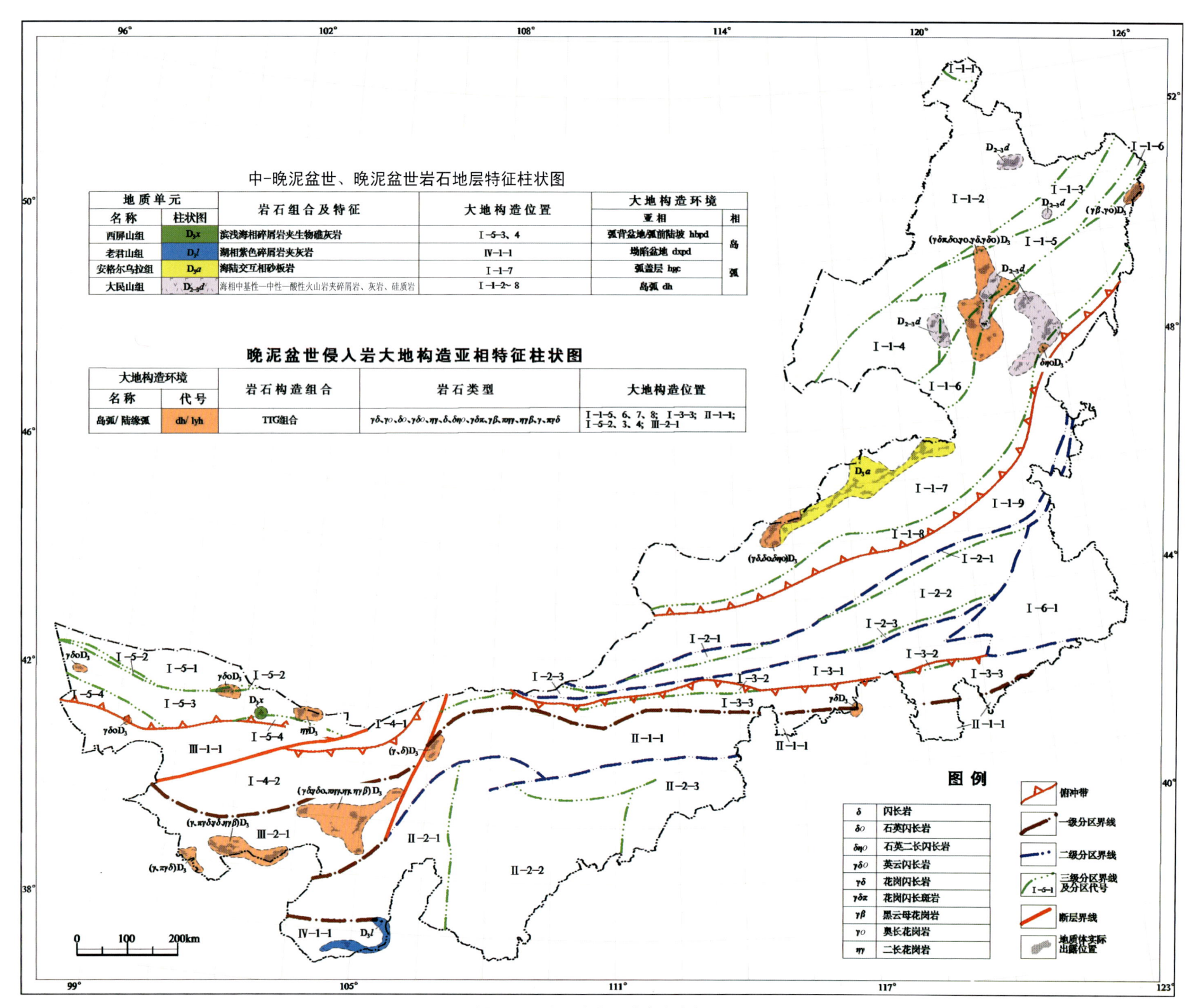

地质单元		岩石组合及特征	大地构造位置	大地构造环境		
名称	柱状图			亚相		相
西屏山组	D_3x	滨浅海相碎屑岩夹生物礁灰岩	I-5-3、4	弧背盆地弧前陆坡 hbpd		岛弧
老君山组	D_3l	湖相紫色碎屑岩夹灰岩	IV-1-1	塌陷盆地 dxpd		
安格尔乌拉组	D_3a	海陆交互相砂板岩	I-1-7	弧盖层 hgc		
大民山组	$D_{2-3}d$	海相中基性—中性—酸性火山岩夹碎屑岩、灰岩、硅质岩	I-1-2~8	岛弧 dh		

晚泥盆世侵入岩大地构造亚相特征柱状图

大地构造环境		岩石构造组合	岩石类型	大地构造位置
名称	代号			
岛弧/陆缘弧	dh/lyh	TTG组合	$\gamma\delta、\gamma o、\delta o、\gamma\delta o、\eta\gamma、\delta、\delta\eta o、\gamma\delta\pi、\gamma\beta、\eta\eta\gamma、\eta\gamma、\pi\gamma\delta$	I-1-5、6、7、8；I-3-3；II-1-1；I-5-2、3、4；III-2-1

图例

δ	闪长岩
δo	石英闪长岩
$\delta\eta o$	石英二长闪长岩
$\gamma\delta o$	英云闪长岩
$\gamma\delta$	花岗闪长岩
$\gamma\delta\pi$	花岗闪长斑岩
$\gamma\beta$	黑云母花岗岩
γo	奥长花岗岩
$\eta\gamma$	二长花岗岩

- 俯冲带
- 一级分区界线
- 二级分区界线
- 三级分区界线及分区代号 I-5-1
- 断层界线
- 地质体实际出露位置

图 3-9 晚泥盆世地质建造分布图

七、早石炭世陆缘裂谷地质建造

下石炭统主要分布于北山弧盆系（Ⅰ-5）和大兴安岭弧盆系（Ⅰ-1），敦煌陆块（Ⅲ-1）、哈日博日格弧盆系（Ⅰ-4）西南部、华北陆块区（Ⅱ-1）西部，北祁连弧盆系（Ⅳ-1）有少量出露（图3-10）。

（一）早石炭世伸展火山-沉积岩

1. 色日巴彦敖包组

上泥盆统—下石炭统色日巴彦敖包组[(D_3—C_1)s]主要出露于贺根山-扎兰屯俯冲增生杂岩带（Ⅰ-1-8）西南部，其下部层位为岛弧环境滨岸相碎屑岩夹中性火山-火山碎屑岩，含动植物化石显示为晚泥盆世；其中上部层位为滨海相碎屑岩-碳酸盐岩组合，含珊瑚和腕足类化石，为早石炭世。

2. 朝吐沟组

下石炭统朝吐沟组（C_1c）出露于镶黄旗-敖汉旗陆缘弧（Ⅰ-3-3）东部，其以基性和酸性火山岩为主，夹有少量中性火山岩的岩石组合。为陆缘裂谷环境的双峰式火山岩组合。

3. 红水泉组

下石炭统红水泉组（C_1h）主要分布于大兴安岭弧盆系（Ⅰ-1）北部，为滨浅海砂岩粉砂岩泥岩组合。岩性为灰黄色、灰绿色砂砾岩，石英砂岩，长石石英砂岩，细粉砂岩，粉砂质板岩及生物碎屑灰岩等。

4. 莫尔根河组

下石炭统莫尔根河组（C_1m）主要分布于大兴安岭弧盆系（Ⅰ-1）北部，为玄武岩-英安岩-粗面岩-流纹岩组合，岩性为安山岩、石英角斑岩、钠长粗面岩、角斑岩质凝灰岩夹凝灰砂岩及硅质岩。火山岩属壳幔混合源、碱性系列，为弧后盆地之陆缘裂谷环境。

5. 前黑山组

下石炭统前黑山组（C_1q）出露于北祁连弧盆系（Ⅳ-1）之中，为台地潮坪-局限台地碳酸盐岩组合，岩性为灰色灰岩、生物灰岩夹白云质灰岩、粉细砂岩。

6. 臭牛沟组

下石炭统臭牛沟组（C_1cn）出露于北祁连弧盆系（Ⅳ-1）和阿拉善陆块西部，为泥岩-粉砂岩组合，岩性为灰褐色结晶灰岩、浅灰色石英砂岩夹绢云母板岩。

7. 红柳园组

下石炭统红柳园组（C_1hl）出露于敦煌陆块（Ⅲ-1）之中，为前滨-临滨砂泥岩夹灰岩组合，岩性为灰色、灰绿色砂岩，砂砾岩，砾岩与板岩互层及砂岩、页岩互层夹结晶灰岩。属陆棚碎屑岩盆地亚相。

8. 绿条山组

下-中石炭统绿条山组（$C_{1-2}l$）主要分布于北山弧盆系（Ⅰ-5）及其南侧柳园裂谷之中，在阿拉善陆块少有出露，为半深水砂板岩组合，岩性为浅海相长石石英砂岩、粉砂岩、粉砂质板岩、硅质岩、含铁硅质岩及结晶灰岩。含腕足类化石 *Syringothyris* sp., *Athyris sulcata*；珊瑚化石 *Caninia* sp., *Caninophyllum* sp.。

9. 白山组

下-中石炭统白山组（$C_{1-2}b$）与绿条山组（$C_{1-2}l$）为连续沉积，空间上相伴并常交错状接触，主要分布于北山弧盆系（Ⅰ-5）及其南侧柳园裂谷之中，在阿拉善陆块少有出露，为中酸性—中基性火山岩组合，岩性为流纹岩、英安岩、英安质凝灰岩夹少量中基性火山岩和陆源碎屑岩。属伸展环境双峰式火山岩组合。

（二）早石炭世双峰式侵入岩

早石炭世双峰式侵入岩组合主要分布于贺根山-扎兰屯俯冲增生杂岩带东部（Ⅰ-1-8）和华北陆块区中部北缘（Ⅱ-1-2）之中，为中基性—酸性和碱性侵入岩组合，岩性主要为辉长岩、辉石橄榄岩、碱长花岗岩和二长花岗岩。

八、晚石炭世俯冲-碰撞-裂谷-大洋地质建造

晚石炭世地质建造遍及全区（图3-11）。

（一）晚石炭世早期弧盆系火山-沉积岩

1. 青龙山火山岩

晚石炭世青龙山火山岩（Q_v）主要出露于镶黄旗-敖汉旗陆缘弧东部，其岩性为蚀变安山岩和安山质碎屑凝灰岩，厚度大于1396m。为拉斑系列，铝过饱和类型，判断物质来源于下部俯冲洋壳又有较多陆壳污染的壳幔混合源，其构造环境为陆缘弧。

2. 石嘴子组

上石炭统石嘴子组（C_2s）主要出露于镶黄旗-敖汉旗陆缘弧东部，为海岸沙丘-后滨砂岩组合，岩性主要为砾岩、砂砾岩、砂岩、细粉砂岩、板岩夹结晶灰岩等，厚度达2152m。产腕足类 *Echinoconchus subelegans* (Thomsa)，珊瑚 *Kueixhouphyllum* 及植物 *Neuropteris* sp. 等化石，为潮汐通道。

3. 白家店组

上石炭统白家店组(C_2bj)主要出露于镶黄旗-敖汉旗陆缘弧东部,为滨浅海碳酸盐岩组合,以灰色、灰白色条带状大理岩,结晶灰岩,泥晶灰岩为主夹细粉砂岩、板岩,厚度达2120m。含腕足类 *Gigantoproductus edelburgensis*,珊瑚 *Yuanophyllum kansuense*,植物 *Neuropteris* sp. 等化石,为开阔台地相。该组与石嘴子组砂板岩部分层段呈犬齿相变关系。

4. 酒局子组

上石炭统酒局子组(C_2jj)主要出露于镶黄旗-敖汉旗陆缘弧东部,为湖泊泥岩-粉砂岩组合,其下部为紫红色杂砂岩、细粉砂岩、砾岩夹板岩,厚度大于130m;上部为灰黑色板岩夹杂砂岩及劣质煤。厚度大于100m,产 *Calamites* sp.、*Neuropteris* sp.、*Callipteridium* sp. 等化石,为三角洲平原相。

5. 本巴图组

上石炭统本巴图组(C_2bb)遍布哈日博日格弧盆系、大兴安岭弧盆系南部和温都尔庙弧盆系之中,为前滨-临滨砂泥岩组合,岩性为黄褐色、暗绿色细粒长石砂岩、粉砂岩、黄绿色暗紫色杂砂质长石砂岩,灰色不等粒含砾长石杂砂岩夹石英安山岩、安山质晶屑凝灰岩及砾岩、粉细砂岩与灰岩透镜体。含 *Amygdalophllum* sp.、*Fusulinella* sp.、*Eostaffella* sp.、*Profusulinella* sp. 和 *Koninckophyllum* sp. 化石,厚度大于2488m,为弧背盆地浅海环境。

6. 阿木山组

上石炭统阿木山组(C_2a)遍布哈日博日格弧盆系、大兴安岭弧盆系南部和温都尔庙弧盆系之中,为碳酸盐岩建造,其与本巴图组(C_2bb)在平面上呈锯齿状交错。岩性主要为青灰色厚层状结晶灰岩、大理岩夹薄层钙质砂岩及板岩,安山岩、酸性凝灰岩。厚度大于357m。产蜓类 *Fusulinella* sp.,珊瑚 *Sinopora* sp.,腕足类 *Cheristites* cf. *mosquensis* 等化石,为弧背盆地碳酸盐岩滨浅海相。

7. 新伊根河组

上石炭统新伊根河(C_2x)分布于大兴安岭弧盆系中北部,为海陆交互砂泥岩夹砾岩组合,岩性主要为杂色细—中粒砾岩、粉砂岩、黑色泥质岩、铁质结核粉砂质板岩、板岩夹灰岩透镜体,产苔藓虫 *Fenestella* sp.、海百合茎 *Cyclocyxlicus* sp. 和植物 *Noeggerathiopsis* sp. 等化石,为河口湾-前三角洲相。

8. 葛根敖包组

上石炭统—下二叠统葛根敖包组[(C_2—P_1)g]出露于东乌珠穆沁旗-多宝山岛弧和贺根山-扎兰屯俯冲带之中,为滨浅海碎屑岩-火山碎屑岩夹生物碎屑灰岩组合,岩性为黑色凝灰质粉砂岩、暗绿色岩屑晶屑凝灰岩、深灰色杂砂质粉砂岩、砂砾岩、安山岩、火山角砾岩夹生物碎屑灰岩,含 *Brachythyrina* aff. *Strangwaysi*, *Camerophoria purdoni*, *Spiriferina* cf. *mongolica*, *Neopirifer tegulatus*, *Meekella timanica*, *Bellerophon* sp., *Fenestella* sp. 和 *Noeggerathiopsis* sp. 等化石,厚度1943m,属弧背盆地环境。

9. 宝力高庙组

上石炭统—下二叠统宝力高庙组[(C_2—P_1)bl]出露于大兴安岭弧盆系贺根山-扎兰屯俯冲带以北,岩性为灰绿色片理化流纹岩、英安岩、粗砂岩、岩屑晶屑凝灰岩、灰白色石英片岩夹黄铁矿层,灰绿色、暗绿色片理化流纹岩、安山质熔结凝灰岩、玄武岩等,为属陆缘火山弧亚相。

(二)晚石炭世早期弧盆系侵入岩

晚石炭世岛弧-陆缘弧侵入岩遍布北山弧盆系、大兴安岭弧盆系和华北陆块区北缘,为TTG和GG组合,岩性主要为闪长岩、石英闪长岩(U-Pb同位素年龄为331Ma)、花岗闪长岩(U-Pb同位素年龄为312Ma)、似斑状二长花岗岩、二长花岗岩、奥长花岗岩、英云闪长岩、石英二长闪长岩、花岗岩等,反映出岛弧-陆缘弧环境。

(三)晚石炭世早中期碰撞侵入岩

晚石炭世碰撞侵入岩主要出露在大兴安岭弧盆系东部,包括强过铝花岗岩组合和高钾-钾玄质花岗岩组合,其中强过铝花岗岩组合出露在贺根山-扎兰屯俯冲增生杂岩带东部,岩性为二云母二长花岗岩和白云母二长花岗岩,出现白云母、石榴石等特征矿物,为壳源强过铝淡色花岗岩类,大地构造环境为同碰撞;高钾-钾玄质花岗岩组合出露在额尔古纳岛弧和贺根山-扎兰屯俯冲增生杂岩带东部,正长花岗岩、碱长花岗岩和黑云母花岗岩(黑云母花岗岩含石榴石达3%),高钾钙碱系列,壳幔混合源,构造环境为同(或后)碰撞。

(四)晚石炭世海陆交互-陆表海沉积岩

1. 拴马桩组

上石炭统拴马桩组(C_2sm)分布于乌拉山-兴和基底杂岩带之中,为河流-河湖相砂砾岩-含煤碎屑岩组合,岩性为灰黑色厚层状石英石英粗砂岩、含砾中粗粒长石砂岩,灰褐色厚层状粉砂岩、灰绿色砂质碳质页岩,含煤,含 *Pecopteris* sp.、*Calamites* sp. 等化石,为陆内断陷盆地。

2. 芨芨台子组

上石炭统芨芨台子组(C_2j)出露于敦煌陆块之中,为局限台地碳酸盐岩组合,岩性为灰白色、灰黑色结晶灰岩,厚层灰岩夹燧石结核灰岩,含珊瑚 *Caninia lingwuensis*, *C. lipoensis*;蜓 *Profusulinella* sp., *Dseudostaffella* sp., *Eofusulina iriangula* 和 *Fusiella typical* 等化石,厚度658.6m,为陆棚碳酸盐岩台地环境。

3. 本溪组

上石炭统本溪组(C_2b)出露于乌拉山-兴和基底杂岩带南部,为陆表海陆源碎屑岩-灰岩组合,岩性为灰色、灰褐色碳质、砂质页岩,铝土页岩夹海相灰岩及褐铁矿铝土褐铁矿高岭石黏土岩。含 *Fusulina* sp.,*Fuslinella* sp.,*Cancrinella* sp.,*Choristites* sp. 和 *Bradyphyllum* sp. 等化石,厚度 52.86m,属海陆交互陆表海环境。

4. 太原组

上石炭统—下二叠统太原组[(C_2—P_1)t]出露于鄂尔多斯陆块和北祁连弧盆系之中,为海陆交互相含煤碎屑岩组合,岩性为灰黑色碳质页岩夹中细粒长石石英砂岩、砾岩、灰岩及煤、铁矿层,含 *Schwagerina* sp.,*Phricodothyris* sp.,*Sphenopteris* sp. 及 *Gastrioceras* sp. 等化石,厚度 949.1m。

(五)晚石炭世中晚期裂谷-大洋侵入岩

晚石炭世裂谷侵入岩主要分布在北山弧盆系和哈日博日格弧盆系之中,在达青牧场俯冲增生杂岩带之中亦有出露,岩性为超基性岩、辉长岩、辉石角闪辉石岩、石英角闪二长岩、辉绿岩、闪长岩、辉长闪长岩、二长闪长岩等,主体反映出裂谷性质,其中达青牧场俯冲增生杂岩带之中的超基性岩反映为残余洋壳。

九、早二叠世后造山-大洋地质建造

早二叠世为拉张环境,古亚洲洋快速扩张,其两侧陆地侵入后造山花岗岩(图 3-12)。

(一)早二叠世后造山沉积岩

1. 三面井组

下二叠统三面井组(P_1sm)主要分布于温都尔庙弧盆系之中,呈近东西向展布,为河口湾-海陆交互相砂砾岩-粉砂岩泥岩组合,岩性为灰黄色、灰紫色变质砾岩,砂砾岩,长石砂岩,石英砂岩,粉砂岩为主夹板岩、鲕状灰岩。产植物 *Calamites* sp.,*Annulavia ovientalis* Kaw 等化石。

2. 寿山沟组

下二叠统寿山沟组(P_1ss)主要分布于锡林浩特岩浆弧和贺根山-扎兰屯俯冲增生杂岩带中部。为泥岩-粉砂岩组合,岩性为千枚状板岩、千枚状粉砂质板岩、泥质粉砂岩互层夹长石岩屑粉砂岩,顶部含大理岩透镜体,厚度达 5000 余米,含植物干茎化石,为临滨-远滨相。

3. 大黄沟组

下二叠统大黄沟组(P_1dh)出露于走廊弧后盆地,为湖泊三角洲相砂砾岩组合,岩性为灰绿色含砾石英砂岩、石英砂岩、粉砂岩、泥岩夹砾岩、砂砾岩,含 *Lobatannularia ligulata* 和 *Chiropteris* sp. 化石,厚度 148.8m。

4. 山西组

下-中二叠统山西组($P_{1-2}s$)出露于华北陆块区鄂尔多斯陆块之中,为陆表海沼泽环境含煤碎屑岩组合,岩性为灰白色长石石英砂岩、黑色页岩、煤层、铁质岩,含植物火山 *Plagiozamites* sp.,*Taeniopteris* sp. 和 *Lepldostrobophyllum* sp.;腕足类化石 *Dictyoclostus* sp. 和 *Schuchertella* sp.;双壳类化石 *Edmondia* sp. 和 *Ounborella* sp.,厚度 1570.2m,属陆表海盆地。

(二)早二叠世后造山侵入岩

早二叠世后造山侵入岩呈北东向分布于大兴安岭弧盆系中部地带和呈东西向分布于华北陆块区北缘,为碱性—钙碱性花岗岩组合,岩性包括碱性正长岩、花岗岩、斑状花岗岩、碱长花岗岩、碱长花岗斑岩、碱性花岗岩、黑云母花岗岩、黑云母二长花岗岩、正长花岗岩、二长花岗岩、斑状二长花岗岩、白岗岩和石英二长岩等,多为 A 型花岗岩、钾质系列,属裂谷-后造山环境。

(三)早二叠世洋壳侵入岩

早二叠世洋壳侵入岩分布于林西残余盆地两侧的俯冲增生杂岩带之中,为基性—超基性岩组合,岩性主要为蛇纹岩、蛇纹石化辉石岩、蛇纹石化橄榄岩、苏长岩、辉长岩、辉绿岩、玄武岩和辉石闪长岩等,为残余洋壳岩石。

十、中二叠世弧盆系地质建造

早二叠世末期古亚洲洋迅速收缩并同时向两侧俯冲消减,造成中二叠世亚洲洋两侧岛弧(陆缘弧)之中 TTG-GG 组合岩浆大量侵入,以及在岛弧和残余盆地之中火山强烈喷发(图 3-13)。

(一)中二叠世陆内盆地沉积岩

1. 石盒子组

中二叠统石盒子组(P_2sh)分布在鄂尔多斯陆块之中,为湖泊相泥岩-粉砂岩-组合,岩性为含砾粗砂岩、中细粒砂岩、粉砂质泥岩及页岩,含化石 *Pecopteris* sp.,*Callipteridium* sp.,*Sphenophyllum* sp.,*Protobrechnum* sp.,*Odontopteris* sp. 和 *Sphenopteris* sp.,厚度 409.7m,为陆内坳陷盆地。

晚二叠世—中三叠世岩石地层特征柱状图

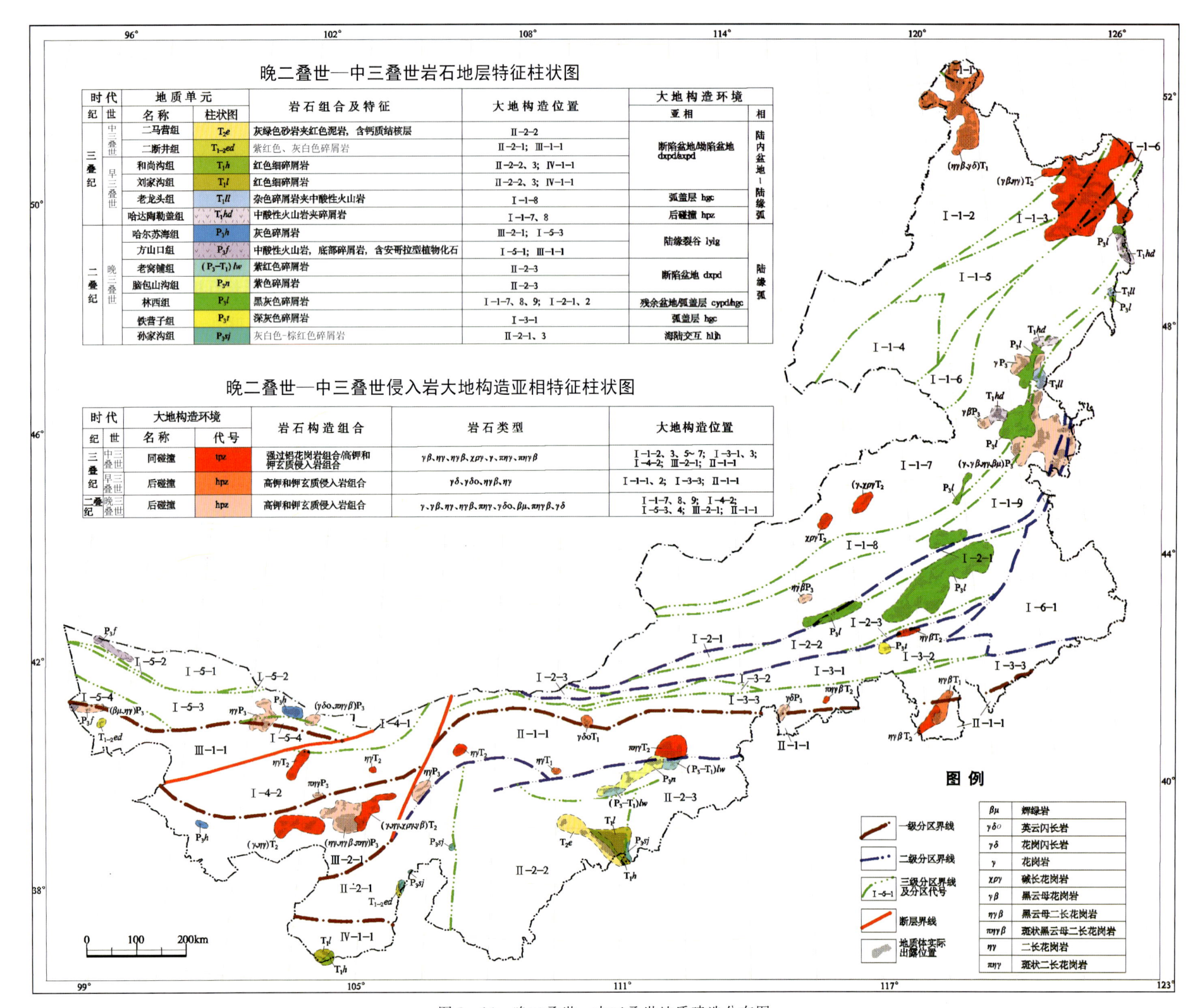

时代		地质单元		岩石组合及特征	大地构造位置	大地构造环境	
纪	世	名称	柱状图			亚相	相
三叠纪	中三叠世	二马营组	T_2e	灰绿色砂岩夹红色泥岩，含钙质结核层	II-2-2	断陷盆地/坳陷盆地 dxpd/axpd	陆内盆地—陆缘弧
	早三叠世	二斩井组	$T_{1-2}ed$	紫红色、灰白色碎屑岩	II-2-1；III-1-1		
		和尚沟组	T_1h	红色细碎屑岩	II-2-2，3；IV-1-1		
		刘家沟组	T_1l	红色细碎屑岩	II-2-2，3；IV-1-1		
		老龙头组	T_1ll	杂色碎屑岩夹中酸性火山岩	I-1-8	弧盖层 hgc	
		哈达陶勒盖组	T_1hd	中酸性火山岩夹碎屑岩	I-1-7、8	后碰撞 hpz	
二叠纪	晚二叠世	哈尔苏海组	P_3h	灰色碎屑岩	III-2-1；I-5-3	陆缘裂谷 lylg	陆缘弧
		方山口组	P_3f	中酸性火山岩，底部碎屑岩，含安哥拉型植物化石	I-5-1；III-1-1		
		老窝铺组	$(P_3-T_1)lw$	紫红色碎屑岩	II-2-3	断陷盆地 dxpd	
		脑包山组	P_3n	紫色碎屑岩	II-2-3		
		林西组	P_3l	黑灰色碎屑岩	I-1-7、8、9；I-2-1，2	残余盆地弧盖层 cypd/hgc	
		铁昔子组	P_3t	深灰色碎屑岩	II-2-3-1	弧盖层 hgc	
		孙家沟组	P_3sj	灰白色-棕红色碎屑岩	II-2-1，3	海陆交互 hl/jh	

晚二叠世—中三叠世侵入岩大地构造亚相特征柱状图

时代		大地构造环境		岩石构造组合	岩石类型	大地构造位置
纪	世	名称	代号			
三叠纪	中三叠世早三叠世	同碰撞	tpz	强过铝花岗岩组合/高钾和钾玄质侵入岩组合	$γβ、ηγ、ηγβ、χπγ、γ、πη、πηγβ$	I-1-2，3，5～7；I-3-1，3；II-2-1；II-1-1
		后碰撞	hpz	高钾和钾玄质侵入岩组合	$γδ、γδο、ηγβ、ηγ$	I-1-1、2；I-3-3；II-1-1
二叠纪	晚二叠世	后碰撞	hpz	高钾和钾玄质侵入岩组合	$γ、γβ、ηγ、ηγβ、πηγ、γδο、βμ、πηγβ、γδ$	I-1-7、8、9；I-4-2；I-5-3、4；III-2-1；II-1-1

图例

▬▬▬	一级分区界线
▬▬▬	二级分区界线
▬▬▬	三级分区界线及分区代号 I-5-1
▬▬▬	断层界线
	地质体实际出露位置

$βμ$	辉绿岩
$γδο$	英云闪长岩
$γδ$	花岗闪长岩
$γ$	花岗岩
$χπγ$	碱长花岗岩
$γβ$	黑云母花岗岩
$ηγβ$	黑云母二长花岗岩
$πηγβ$	斑状黑云母二长花岗岩
$ηγ$	二长花岗岩
$πηγ$	斑状二长花岗岩

图 3-14 晚二叠世—中三叠世地质建造分布图

属近源河流沉积；上部则为凝灰砂砾岩、细砂岩、沉凝灰岩夹粉砂岩。产华夏植物群化石，属湖泊相沉积。

2. 林西组

上二叠统林西组（P_3l）出露于西拉木伦俯冲带北侧，呈北东—北北东向展布盖于索伦-扎鲁特旗结合带和大兴安岭弧盆系东南部，可分为4个岩段（自下而上）：①复成分砂砾岩夹长石砂岩粉砂岩，属水下扇相；②长石砂岩、粉砂岩、板岩夹砾岩，属湖泊三角洲相；③长石砂岩、粉砂岩、粉砂质板岩，属淡水浅湖相；④粉砂质板岩、板岩，属淡水（深）湖相。反映出环境演化特征具河流—三角洲（滨湖）—浅湖—深湖的特点。展示了林西盆地从生成—发展—萎缩—消失的完整演化历史。林西盆地产丰富的淡水双壳类化石，亦有少量咸水双壳出现及植物化石。

3. 方山口组

上二叠统方山口组（P_3f）出露于北山弧盆系西部，为陆相中酸性火山岩及碎屑岩组合，岩性为黄绿色流纹质安山岩、英安质凝灰岩、流纹岩及安山质流纹岩、黄绿色含砾长石砂岩、长石石英砂岩、砂砾岩等，含植物火山 *Callipteris* sp.，*Zamiopteris* sp. 和 *Gondwanidinm* sp.。

4. 哈尔苏海组

上二叠统哈尔苏海组（P_3h）出露于北山弧盆系东部和阿拉善陆块西部，为湖泊砂岩-粉砂岩组合，岩性为黄褐色杂砂岩、粉砂质泥岩及底部砾岩，含植物化石? *Sphenopteris* sp. 和 *Callipteris* sp.。

5. 哈达陶勒盖组

下三叠统哈达陶勒盖组（T_1hd）出露于大兴安岭弧盆系东部，为后碰撞高钾-钾玄岩质火山岩夹碎屑岩组合，上段以安山岩为主夹酸性凝灰岩，厚度大于1600m；中部为凝灰质粉砂岩、粉砂质板岩、沉凝灰岩，控制厚度可达204m；下部为玄武安山岩、安山岩、中酸性、酸性晶屑玻屑熔结凝灰岩。控制厚度为304m，在粉砂岩中产叶肢介化石。

6. 老龙头组

下三叠统老龙头组（T_1ll）出露于大兴安岭弧盆系东部，为湖泊砂岩-粉砂岩夹火山岩组合，岩性为紫灰色含绿泥结核泥质铁质粉砂岩、含砾复矿细砂岩、长石砂岩、粉砂质泥（板）岩夹凝灰熔岩，厚度大于560m。产古米台蚌（*Palaeomutela* sp.）、古无齿蚌（*Palaeano-donta* sp.）、克麦洛夫介（*Kenerouiana*? sp.）等化石，整合于林西组（P_3l）之上，为淡水湖相。

（三）晚二叠世—中三叠世后碰撞侵入岩

晚二叠世—中三叠世后碰撞侵入岩分布于索伦-扎鲁特旗结合带两侧，为高钾-钾玄质侵入岩组合以及强过铝花岗岩组合，岩性包括花岗岩、碱长花岗岩、黑云母花岗岩、黑云母二长花岗岩、斑状黑云母二长花岗岩、二长花岗岩、斑状二长花岗岩、花岗闪长岩和英云闪长岩等。

第三节 陆内演化及中国东部造山裂谷系演化阶段地质建造

中三叠世中晚期，西伯利亚板块与中朝板块强烈碰撞，由古亚洲洋演化形成的弧盆系盆地和结合带残余盆地褶皱造山完全成陆，内蒙古中部仍有残余洋壳向南（华北陆块区）俯冲并相继碰撞造山。同时，由于惯性运动，与中朝板块连接的古太平洋板块继续向北西运动，造成古太平洋板块向中朝板块之下俯冲。

该阶段沉积岩以陆内断陷盆地和坳陷盆地为主。

陆缘弧-陆缘裂谷火山岩在内蒙古中东部从中侏罗世开始喷发，晚侏罗世达到喷发高潮期，早白垩世喷发减弱，到晚白垩世局部有少量大陆裂谷环境火山岩喷发，新生代发育稳定陆块环境大陆溢流玄武岩。

从晚三叠世至白垩纪，岩浆岩既有内蒙古中西部古亚洲洋造山域俯冲碰撞造山形成的陆缘弧、同碰撞和后造山环境，也有内蒙中东部古太平洋俯冲造成的陆缘弧、陆缘裂谷、后造山和大陆伸展环境。

一、晚三叠世陆缘弧-碰撞-后造山地质建造

晚三叠世皆为陆相，既有中部古亚洲洋造山域最终碰撞形成的同碰撞花岗岩的侵入，也有古太平洋板块俯冲形成的陆缘弧侵入岩，还有东部后造山花岗岩的侵位（图3-15）。

（一）晚三叠世陆内断陷盆地沉积岩

1. 延长组

上三叠统延长组（T_3yc）分布于内蒙古中南部鄂尔多斯盆地和走廊弧后盆地之中，为湖泊三角洲砂砾岩-泥岩夹煤线组合，岩性为灰绿色长石石英砂岩、石英砂岩、页岩夹煤线，为陆内断陷盆地沉积。

2. 珊瑚井组

上三叠统珊瑚井组（T_3sh）分布于内蒙古中西部北山弧盆系、走廊弧后盆地和贺兰山陆缘盆地之中，为湖泊三角洲砂砾岩、泥岩组合，岩性灰黄色中细粒长石石英砂岩、灰黑色页岩夹薄—中厚层石英砂岩、灰黄色厚层砾岩夹砂岩，为陆内断陷盆地沉积。

（二）晚三叠世内蒙古中西部陆缘弧-同碰撞侵入岩

1. 晚三叠世陆缘弧GG组合

晚三叠世陆缘弧侵入岩分布于哈日博日格弧盆系和内蒙古中部的华北陆块区北部，其

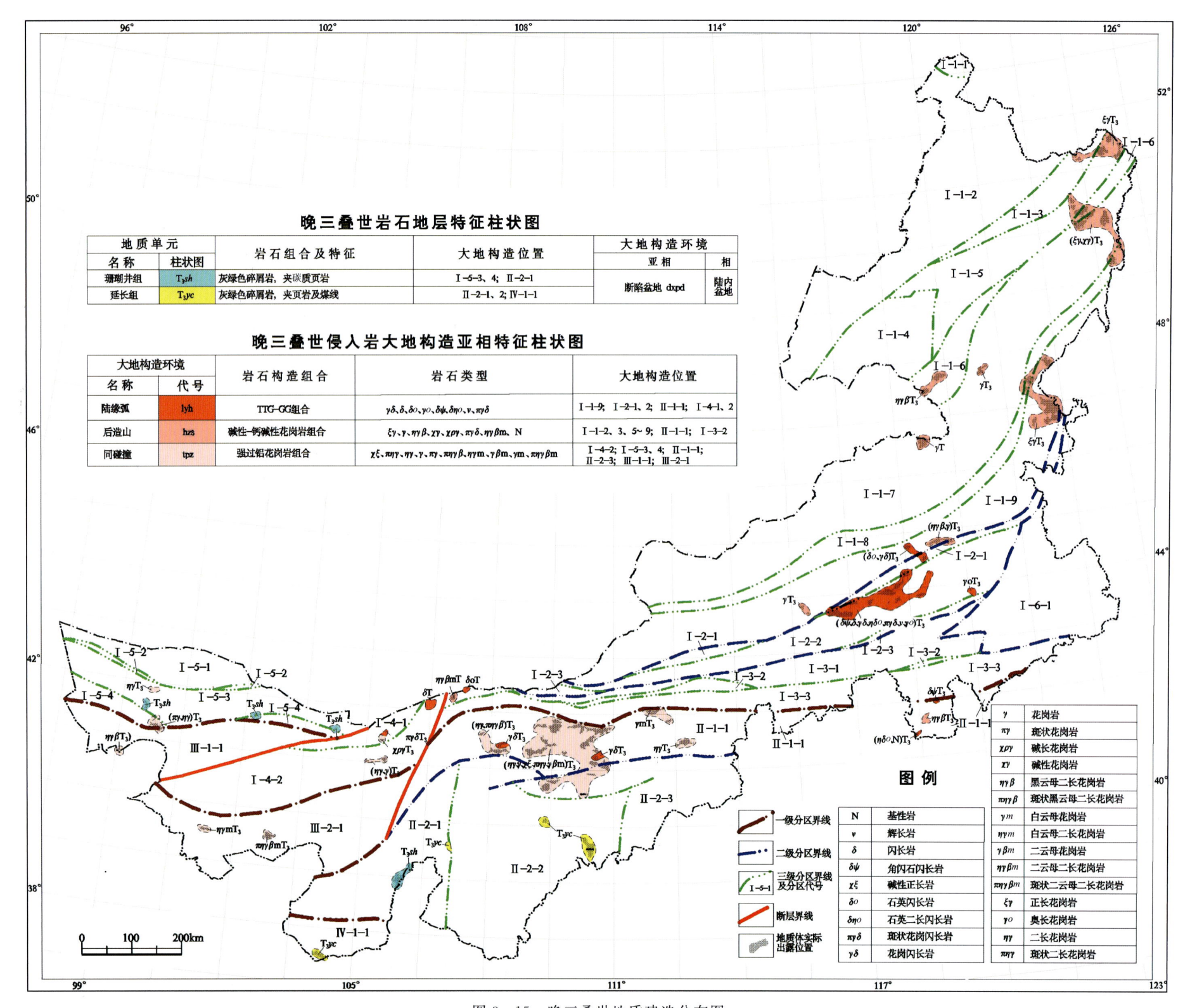

图 3-15 晚三叠世地质建造分布图

可能为西拉木伦俯冲带及其西延部分在中三叠世中晚期残余盆地收缩过程中残余洋壳继续俯冲的结果,为花岗闪长岩-花岗岩(GG)组合,岩性包括闪长岩、石英闪长岩、花岗闪长岩、斑状花岗闪长岩、花岗岩、二长花岗岩等。

2. 晚三叠世同碰撞环境强过铝—高钾-钾玄质花岗岩组合

晚三叠世同碰撞花岗岩主要分布于北山弧盆系、柳园裂谷、哈日博日格弧盆系和内蒙古中西部的华北陆块区北部,为中三叠世中晚期板块碰撞的结果,为强过铝组合—高钾-钾玄质花岗岩组合,岩性包括白云母花岗岩、白云母二长花岗岩、斑状二云母二长花岗岩、二云母花岗岩、斑状花岗岩、(黑云母)二长花岗岩、碱长花岗岩、碱性正长岩等。

(三)晚三叠世内蒙古东部后造山-陆缘弧侵入岩

1. 晚三叠世后造山碱性—钙碱性花岗岩组合

晚三叠世后造山侵入岩分布于大兴安岭弧盆系东南部和内蒙古东部的华北陆块区北部,为碱性—钙碱性花岗岩组合,岩性包括正长花岗岩、碱性花岗岩、黑云母二长花岗岩、花岗岩等。岩石具文象结构,晶洞构造。

2. 晚三叠世陆缘弧 TTG 组合

晚三叠世陆缘弧侵入岩主要分布于索伦-扎鲁特旗结合带和内蒙古中部的华北陆块区北部,为奥长花岗岩-英云闪长岩-花岗闪长岩(TTG)组合,岩性包括奥长花岗岩、花岗闪长岩、斑状花岗闪长岩、闪长岩、石英二长岩、角闪石闪长岩、辉长岩和基性岩(未分)等。

二、早侏罗世陆缘弧-后造山地质建造

早侏罗世为后造山环境,东部叠加了陆缘弧环境(图 3-16)。

(一)早侏罗世陆内断陷盆地沉积岩

1. 富县组

下侏罗统富县组($J_1 f$)分布于内蒙古中南部鄂尔多斯盆地之中,为湖泊泥岩-粉砂岩组合,岩性为黄绿色砂岩与杂色泥岩互层夹黑色页岩、油页岩,厚度129.61m。

2. 延安组

下侏罗统延安组($J_1 ya$)分布于内蒙古中南部鄂尔多斯盆地之中,为河湖相含煤碎屑岩组合,岩性为灰绿色、砖红色泥岩,粉砂质泥岩,长石砂岩夹碳质泥岩及煤,厚度239.3m。

3. 芨芨沟组

下侏罗统芨芨沟组($J_1 j$)分布于内蒙古西部柳园裂谷、贺兰山被动陆缘盆地和走廊弧后盆地之中,为湖泊泥岩-粉砂岩组合,岩性为灰绿色长石石英砂岩、泥岩及煤,厚度676m。

4. 红旗组

下侏罗统红旗组($J_1 h$)主要分布于大兴安岭弧盆系南部,为湖泊含煤碎屑岩组合,岩性为黑色含碳质泥岩、碳质页岩、泥质页岩、灰色杂砂岩、灰白色含砾粉砂质泥岩、灰白色砂砾岩夹粉砂岩及煤层,厚度大于333m,为陆内断陷盆地沉积。

(二)早侏罗世后造山侵入岩

早侏罗世后造山侵入岩主要分布于北山弧盆系和大兴安岭弧盆系东部,为碱性—钙碱性花岗岩组合,岩性为二长花岗岩、碱长花岗岩、正长花岗岩等。

(三)早侏罗世陆缘弧侵入岩

早侏罗世陆缘弧侵入岩主要分布于内蒙古中东部,为辉长-闪长岩+GG 组合,岩性为角闪辉长岩、闪长岩、花岗闪长岩、石英二长闪长岩、石英二长岩、二长花岗岩、黑云母二长岩、花岗岩等。

三、中侏罗世陆缘弧-陆缘裂谷-后造山地质建造

中侏罗世广泛发育小型断陷盆地,在内蒙古东部陆缘弧火山岩开始喷发,岩浆活动相对较弱(图3-17)。

(一)中侏罗世陆缘弧-陆内断陷盆地火山-沉积岩

1. 五当沟组

下-中侏罗统五当沟组($J_{1-2} w$)分布于内蒙古中部,为河湖相含煤碎屑岩组合,岩性为灰黑色、灰绿色砂岩,砂质页岩,碳质页岩,棕灰色含油页岩及煤层,为陆内无火山岩断陷盆地沉积。

2. 新民组

中侏罗统新民组($J_2 x$)分布于内蒙古东南部,为陆内断陷盆地河湖砂砾岩-粉砂岩-泥岩-含煤碎屑岩夹火山岩组合,岩性为灰色、深灰色杂砂岩、砾岩、长石砂岩、细砂岩、酸性凝灰熔岩,灰质板岩及煤线,产植物、双壳类、叶肢介化石。

3. 万宝组

中侏罗统万宝组($J_2 wb$)分布于内蒙古东部大兴安岭弧盆系之中,为河流砂砾岩-粉砂岩-泥岩组合,岩性为砾岩、砂砾岩、杂砂岩、细粉砂岩、灰色酸性含角砾岩屑玻屑凝灰岩、酸性玻屑凝灰岩夹凝灰质砂岩、泥岩及煤线,产植物及淡水双壳类化石。

4. 塔木兰沟组

中侏罗统塔木兰沟组(J_2tm)分布于内蒙古东部大兴安岭弧盆系之中,为碱性玄武岩-粗安岩夹碎屑岩组合,其岩性有玄武岩、玄武安山岩、安山玄武岩、安山岩、安山质岩屑凝灰岩等,在凝灰砂岩夹层内含叶肢介、双壳类和植物化石,火山岩TAS分类以玄武粗安岩、粗安岩为主,少量玄武岩、玄武安山岩、安山岩和粗面岩,为陆缘裂谷-陆缘弧火山岩。

5. 长汉沟组

中侏罗统长汉沟组(J_2c)分布于内蒙古中部,为河流砂砾岩-粉砂岩-泥岩组合,岩性为灰黄色、灰绿色砂砾岩,砂岩,砂质页岩,为陆内无火山岩断陷盆地沉积。

6. 直罗组

中侏罗统直罗组(J_2z)分布于内蒙古中部鄂尔多斯盆地之中,为河流砂砾岩-粉砂岩-泥岩组合,岩性为橘黄色、灰绿色中粒与中粗粒砂岩夹钙质砂岩,为陆内坳陷盆地沉积。

7. 安定组

中侏罗统安定组(J_2a)分布于内蒙古中部鄂尔多斯盆地之中,为湖泊泥岩-粉砂岩组合,岩性为砖红色、棕红色泥岩夹灰绿色粉细砂岩及泥灰岩透镜体,为陆内坳陷盆地沉积。

8. 龙凤山组

中侏罗统龙凤山组(J_2l)分布于内蒙古西部,为湖泊相含煤碎屑岩组合,岩性为灰绿色、黄褐色砾岩,含砾砂岩夹灰黑色碳质页岩,煤线及赤铁矿,含植物 *Neocalamites carrerei*,双壳类 *Ferganoconcha subcentralis* 等化石,为陆内坳陷盆地沉积。

(二)中侏罗世陆缘弧-后造山侵入岩

1. 陆缘弧 GG 组合

中侏罗世陆缘弧环境侵入岩零星分布于内蒙古东部,为花岗闪长岩-花岗岩(GG)组合,岩性包括闪长岩、花岗闪长岩、石英闪长岩、花岗岩、二长花岗岩和黑云母二长花岗岩等,为活动大陆边缘弧侵入岩。

2. 后造山碱性—钙碱性花岗岩组合

中侏罗世后造山侵入岩主要分布于大兴安岭弧盆系北部,在内蒙古西部有少量出露,为环境碱性—钙碱性花岗岩组合,岩性为石英正长岩和正长花岗岩。

四、晚侏罗世陆缘弧-陆缘裂谷地质建造

晚侏罗世,在内蒙古东部陆缘弧火山岩大量强烈喷发,岩浆活动亦逐渐增强(图3-18)。

(一)晚侏罗世陆缘弧-陆缘裂谷火山-沉积岩

1. 土城子组

上侏罗统土城子组(J_3t)主要分布于内蒙古东南部,为河流相砂砾岩-粉砂岩-泥岩组合,整合于满克头鄂博组(J_3mk)火山岩之下,岩性为紫色、灰黄色砾岩,中细粒岩屑砂岩,粉砂岩及砂质泥(板)岩组成,产植物化石。

2. 满克头鄂博组、玛尼吐组

上侏罗统满克头鄂博组(J_3mk)和玛尼吐组(J_3mn)广泛分布于内蒙古东部,喷发厚度巨大,构成大兴安岭的主体,为酸性—中性火山岩组合,岩性包括流纹岩、英安岩、安山岩及其火山碎屑岩,TAS分类为玄武粗安岩-粗安岩-粗面岩-流纹岩组合,反映出具有陆缘裂谷性质的陆缘弧火山岩。

3. 白音高老组

上侏罗统白音高老组(J_3b)广泛分布于内蒙古东部,整合(或喷发不整合)于玛尼吐或满克头鄂博之上,为酸性火山岩组合,岩性包括流纹岩及其火山碎屑岩,TAS分类中以流纹岩为主,少数为粗安岩、粗面岩,为高钾钙碱系列-钾玄岩系列,S型花岗岩,属具有陆缘裂谷性质的陆缘弧火山岩。

(根据已有大量同位素年龄资料,按照145.5Ma作为侏罗纪与白垩纪界线,白音高老组时代应为早白垩世,本案仍按照传统地质时代归类。)

4. 大青山组

上侏罗统大青山组(J_3d)主要分布于内蒙古中部华北陆块区北部,为河湖相砂砾岩-粉砂岩-泥岩组合,岩性为灰紫色砾岩、杂砂岩、钙质细砂岩、泥岩、粉砂质灰岩等。

5. 沙枣河组

上侏罗统沙枣河组(J_3s)主要分布于内蒙古西南部,为湖泊三角洲砂砾岩组合,岩性为黄绿色砾岩、砂砾岩、砂岩、粉砂岩以及紫色泥岩,含腹足类化石 *Bulinus mengyinensis*;植物化石 *Coniopteris hymenophylloides*,为陆内断陷盆地沉积。

(二)晚侏罗世陆缘弧-陆缘裂谷侵入岩

1. 陆缘弧 TTG-GG 组合

晚侏罗世陆缘弧侵入岩零星遍布于内蒙古东部,为英云闪长岩-奥长花岗岩-花岗闪长岩(TTG)组合和花岗闪长岩-花岗岩(GG)组合,岩性包括奥长花岗岩、英云闪长岩、花岗闪长岩、石英二长闪长岩、石英二长斑岩、闪长岩、闪长玢岩、石英二长岩、(斑状)黑云母二长花岗岩、黑云母花岗岩、(斑状)二长花岗岩、斑状石英二长岩等,为活动大陆边缘弧侵入岩。

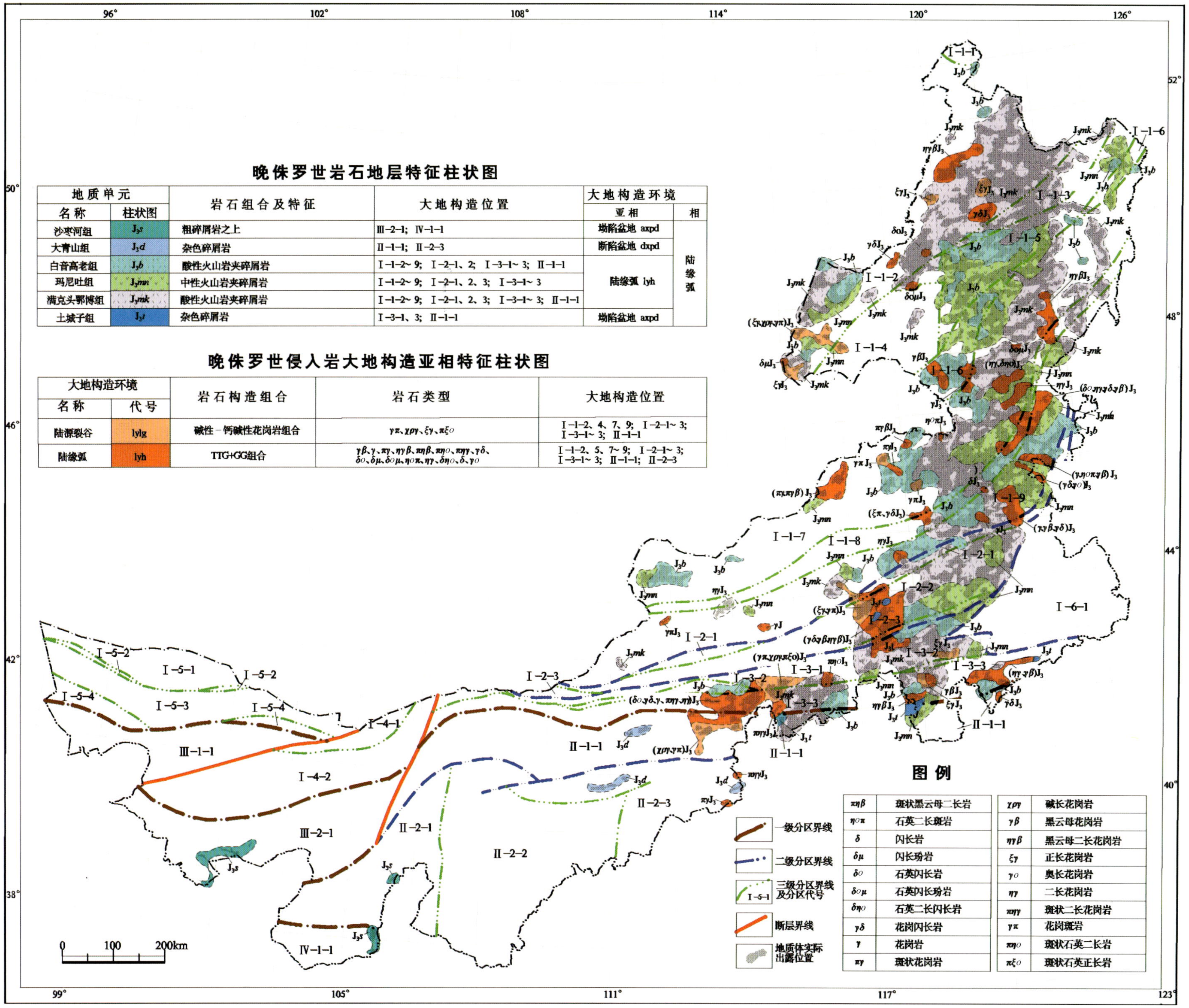

图 3-18 晚侏罗世地质建造分布图

yanjiense、*Probaicalia gerassimovi*、*Cypridea* sp. 和 *Lycopterocypris* sp. 等化石，为陆内断陷盆地沉积。

4. 白女羊盘组

下白垩统白女羊盘组（K_1bn）出露于华北陆块区中部北缘，为大陆裂谷环境双峰式火山岩组合，下段岩性为黑灰色玄武岩和粗面玄武岩，上段岩性为流纹岩、流纹质晶屑凝灰岩、流纹质火山角砾岩，东部出露安山岩，火山岩为碱性—亚碱性系列、壳幔混合源，反映出大陆裂谷环境。

5. 左云组

下白垩统左云组（K_1z）出露于华北陆块区中部北缘，为湖泊泥岩-粉砂岩组合，岩性为浅黄色中细粒砂岩、紫红色泥岩夹薄层细砂岩及含碳质泥岩，为陆内坳陷盆地沉积。

6. 洛河组

下白垩统洛河组（K_1l）出露于华北陆块区中部贺兰山盆地东部，为河流相砂砾岩组合，岩性为紫红色、黄绿色砾岩，砂砾岩，长石石英砂岩，具有大型斜层理。

7. 环河组

下白垩统环河组（K_1h）出露于华北陆块区中部贺兰山盆地之中，为河湖相长石石英砂岩组合，岩性为土红色、灰绿色长石石英砂岩夹泥岩，具有巨型交错层理，含 *Cladophlebis* sp.、*Sinoestheria* sp. 和 *Euetheria* sp. 等化石。

8. 罗汉洞组

下白垩统罗汉洞组（K_1lh）出露于华北陆块区中部贺兰山盆地之中，为河流砂砾岩-粉砂岩-泥岩组合，岩性为灰白色、紫红色长石石英砂岩夹粉砂质泥岩、砾岩及砂砾岩透镜体，为陆内坳陷盆地沉积。

9. 泾川组

下白垩统泾川组（K_1jc）出露于华北陆块区中部贺兰山盆地之中，为湖泊泥岩、粉砂岩建造组合，岩性为粉细砂岩与砂质泥岩、泥岩互层，含 *Lycoptera kansuensis* 等化石，为陆内坳陷盆地沉积。

10. 东胜组

下白垩统东胜组（K_1ds）出露于华北陆块区中部贺兰山盆地之中，为河流砂砾岩-粉砂岩-泥岩组合，岩性为紫红色泥质细砂岩与含砾砂岩互层，普遍富含钙质结核，为陆内坳陷盆地沉积。

11. 庙沟组

下白垩统庙沟组（K_1mg）出露于华北陆块区西部及其附近，为河流砂砾岩、砂岩、泥岩组合，岩性为紫灰色、灰绿色黏土质页岩，砂岩，砾岩，含砾砂岩，底部夹钙质层，含化石 *Pessidella* sp.、*Sphaerium* sp. 和 *Physa* sp.，为陆内断陷盆地沉积。

12. 巴音戈壁组

下白垩统巴音戈壁组（K_1by）出露于内蒙古西北部，为河湖相砂砾岩组合，岩性为灰色巨厚层复成分砾岩、浅褐黄色砂砾岩、长石砂岩、粉砂质页岩，含植物化石 *Phoenicopsis* sp.、*Podozamites* sp.、*Czekanowskia* sp.、*Carpolithus* sp. 和 *Taeniopteris* sp.，为陆内断陷盆地沉积。

13. 苏红图组

下白垩统苏红图组（K_1s）出露于内蒙古西北部，为碱性、中基性火山岩夹碎屑岩组合，岩性包括黑灰色碱玄岩、安山玄武岩、安山岩夹河流相砂岩、泥岩等，火山岩为陆内裂谷环境。

14. 赤金堡组

下白垩统赤金堡组（K_1c）出露于内蒙古西部，为湖泊泥岩-粉砂岩组合，岩性为灰色钙质页岩、灰黄色粉砂质泥岩夹含铁灰岩、微晶、隐晶灰岩，含腹足化石 *Viviparus* sp. 和 *Valvata* sp.、*Bithynia* sp.；介形虫化石 *Cypridea*(*Pseudocypridina*) *globra*；轮藻化石 *Euaelistochara* sp.，为陆内坳陷盆地沉积。

（三）早白垩世陆缘弧-陆缘裂谷-后造山侵入岩

1. 陆缘弧 TTG-GG 组合

早白垩世陆缘弧侵入岩主要分布于内蒙古东部，主体为花岗闪长岩-花岗岩（GG）组合，岩性包括花岗闪长（斑）岩、闪长岩、闪长玢岩、石英二长（斑）岩、（斑状）石英二长闪长岩、奥长花岗岩、（斑状）二长花岗岩、花岗岩等，北部局部出现奥长花岗岩，构成类 TTG 组合。岩石为高钾钙碱系列、壳幔混合源，大地构造环境为活动大陆边缘弧。

2. 陆缘裂谷碱性—钙碱性花岗岩组合

早白垩世陆缘裂谷侵入岩主要分布于内蒙古东部，为碱性—钙碱性花岗岩组合，岩性包括石英正长（斑）岩、正长花岗岩、花岗斑岩、正长斑岩、晶洞花岗岩等。岩石多为高钾钙碱系列花岗岩、A 型花岗岩、后造山花岗岩，大地构造环境为陆缘裂谷环境。

3. 后造山碱性—钙碱性花岗岩组合

早白垩世后造山侵入岩分布于内蒙古西部，为碱性—钙碱性花岗岩组合，岩性包括花岗岩、斑状黑云母二长花岗岩、碱长花岗岩和二长花岗岩等。由于远离古太平洋俯冲带，判断大地构造环境为后造山。

六、晚白垩世后造山地质建造

晚白垩世，后造山环境的岩浆活动已经很少，受北东东和北北东两组共轭张剪性断裂控制的叠加盆地强烈发育(图 3-20)。

(一)晚白垩世后造山-断陷盆地火山-沉积岩

1. 多希玄武岩和孤山镇组

晚白垩世划分出多希玄武岩(K_2d)和孤山镇组(K_2g)两个组,前者出露在海拉尔断陷盆地之中,岩性为玄武岩(伊丁玄武岩)和玄武安山岩;后者出露在东部孤山镇一带,岩性为粗面岩、英安质粗面岩、流纹质晶屑凝灰岩及流纹岩,二者构成碱性玄武岩-流纹岩(双峰式火山岩)组合,其构造环境为后造山,为碱性和亚碱性系列,为后造山环境。

2. 孙家湾组

上白垩统孙家湾组(K_2sj)出露在内蒙古东南部赤峰地区,为河流砂砾岩-粉砂岩泥岩组合,下部岩性为紫红色厚层状复成分砾岩夹中厚层岩屑杂砂岩、泥质粉砂岩;中部岩性为紫红色复成分砾岩夹中厚层泥质粉砂岩;上部岩性为紫红色中厚层泥质粉砂岩,泥岩夹岩屑长石杂砂岩。为河流-湖泊相。

3. 二连组

上白垩统二连组(K_2e)分布在内蒙古中北部,为河湖砂砾岩-粉砂岩-泥岩组合,上部为砖红色泥岩、泥质粉砂岩含粉砂质泥灰岩;下部为砾岩、砂岩、中粒岩屑杂砂岩,含恐龙化石 *Ornithomimus*, *asiaticus*, *Mandschurosaurus mongoliensis*, *Bactrosaurus johnsoni*,为陆内断陷盆地沉积。

4. 金刚泉组

上白垩统金刚泉组(K_2j)分布在内蒙古西部,为河流砂砾岩-粉砂岩-泥岩组合,岩性为含砾砂岩,粉砂质泥岩,砾岩砂砾岩,含砾粗砂岩,紫红色、灰红色砾岩,不等粒长石砂岩,含砂金,为陆内断陷盆地沉积。

5. 乌兰苏海组

上白垩统乌兰苏海组(K_2w)分布在内蒙古西部,为湖泊三角洲砂砾岩组合,岩性为褐灰色、杂色砂岩,砂砾岩,砾岩夹泥岩透镜体,含化石 *Hadrosauridae carnosauria* sp. 和 *Omithopods* sp.,*Dinosaurus*,为陆内断陷盆地沉积。

(二)晚白垩世后造山侵入岩

晚白垩世后造山侵入岩出露面积非常小,主要分布在内蒙古东北部和中南部,为钙碱性—碱性花岗岩组合,岩性为碱性花岗岩、花岗斑岩、晶洞花岗岩和斑霞正长岩,判断大地构造环境为后造山。

七、新生代稳定陆块地质建造

新生代发育陆内断陷-坳陷盆地,稳定陆块环境幔源碱性玄武岩喷发(图 3-21)。

(一)新生代断陷盆地-坳陷盆地沉积岩

1. 脑木根组、阿山头组、伊尔丁曼哈组、沙拉木伦组

古新统脑木根组(E_1n),始新统阿山头组(E_2a)、伊尔丁曼哈组(E_2y)和沙拉木伦组(E_2sl)皆出露在内蒙古中北部,为湖泊泥岩-粉砂岩组合,岩性为灰白色中粒长石石英砂岩、杂色砂质泥岩、棕红色泥岩、灰绿色粉砂岩,含大量钙、锰质结核,为陆内坳陷盆地沉积。

2. 寺口子组

始新统寺口子组(E_2s)出露在内蒙古西部,为湖泊泥岩-粉砂岩组合,岩性为湖泊三角洲砂砾岩组合,为深棕红色砂质泥岩、砂岩、含砾砂岩与砂砾岩互层。

3. 乌兰戈楚组、呼尔井组

渐新统乌兰戈楚组(E_3wl)、呼尔井组(E_3h)出露在内蒙古中北部,为湖泊三角洲砂砾岩-泥岩组合,岩性为褐色、砖红色泥岩,灰白色细砂岩,粉砂岩夹含砾砂岩,灰白色、黄色粗砂岩,砂砾岩夹泥岩等,为陆内坳陷盆地沉积。

4. 临河组、清水营组

渐新统临河组(E_3l)和清水营组(E_3q)出露在内蒙古中南部,为湖泊泥岩-粉砂岩组合,岩性为棕红色、橘黄色泥岩,泥质粉砂岩、砂岩、泥灰岩、褐红色、砖红色泥岩,粉砂岩,石膏层含脊椎动物化石,为陆内断陷盆地沉积。

5. 老梁底组

中新统老梁底组(N_1l)和清水营组(E_3q)出露在内蒙古东南部,为河流砂砾岩-粉砂岩-泥岩组合,岩性灰黄色、暗灰色砂岩夹砾岩、泥质砂页岩,含碳质。岩石质地疏松,半胶结,层理发育,含植物化石,为曲流河相沉积(由于面积太小,图面没有表示)。

6. 呼查山组

中新统呼查山组(N_1hc)出露在内蒙古东北部,为河流砂砾岩-粉砂岩-泥岩组合,岩性为灰白色、浅黄色砾岩,砂岩,粉砂岩和泥岩,泥岩中含铁锰质结核,近于水平产状,成岩程度低,呈半(微)胶结的疏松状态。含孢粉及植物化石碎片。属曲流河相沉积。

7. 通古尔组

中新统通古尔组(N_1t)出露在内蒙古中部,为湖泊三角洲砂砾岩组合,岩性为深红色、砖红色泥岩,灰白色含砾中粗粒长石石英砂岩,细砂岩,为陆内坳陷盆地沉积。

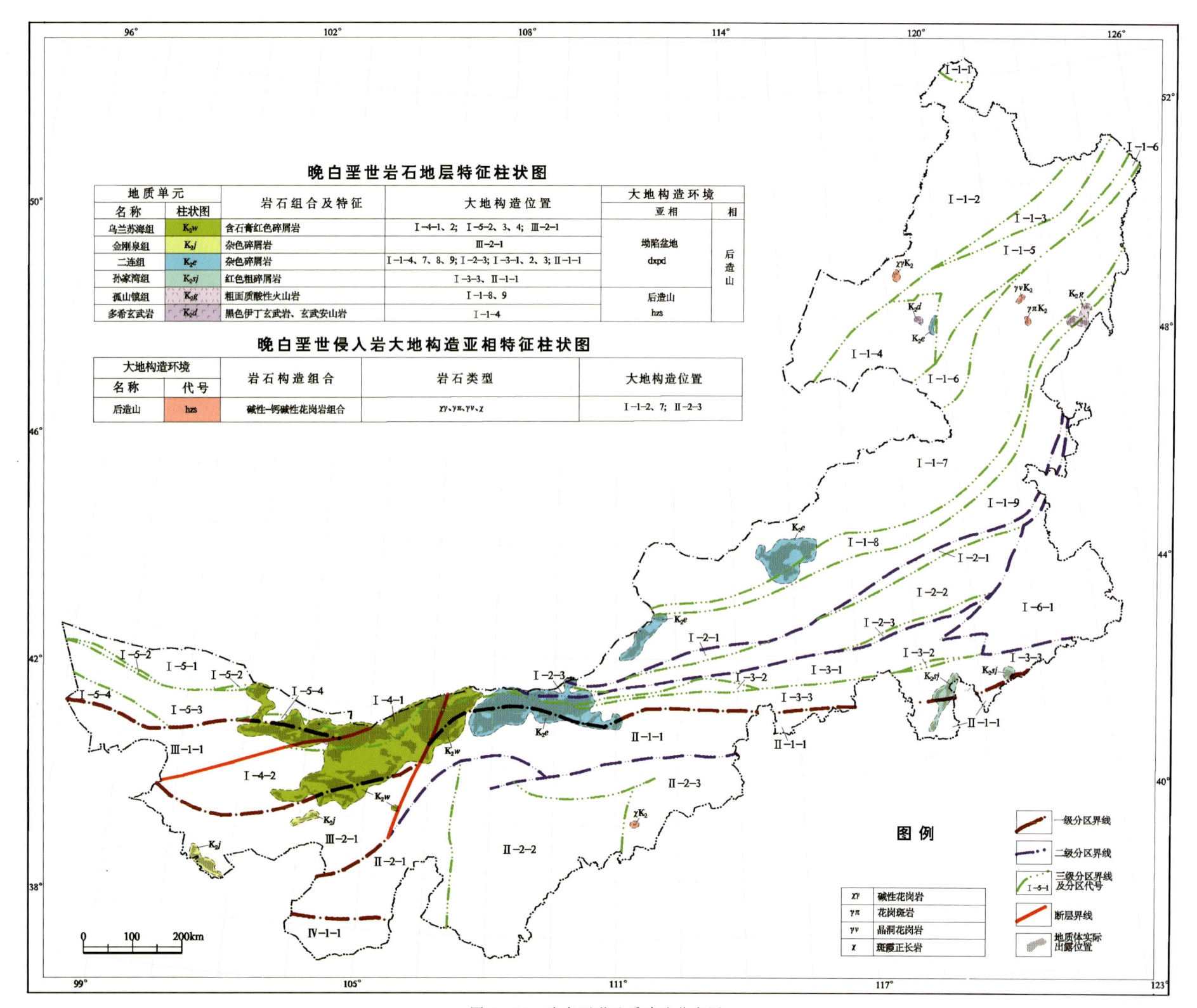

图 3-20　晚白垩世地质建造分布图

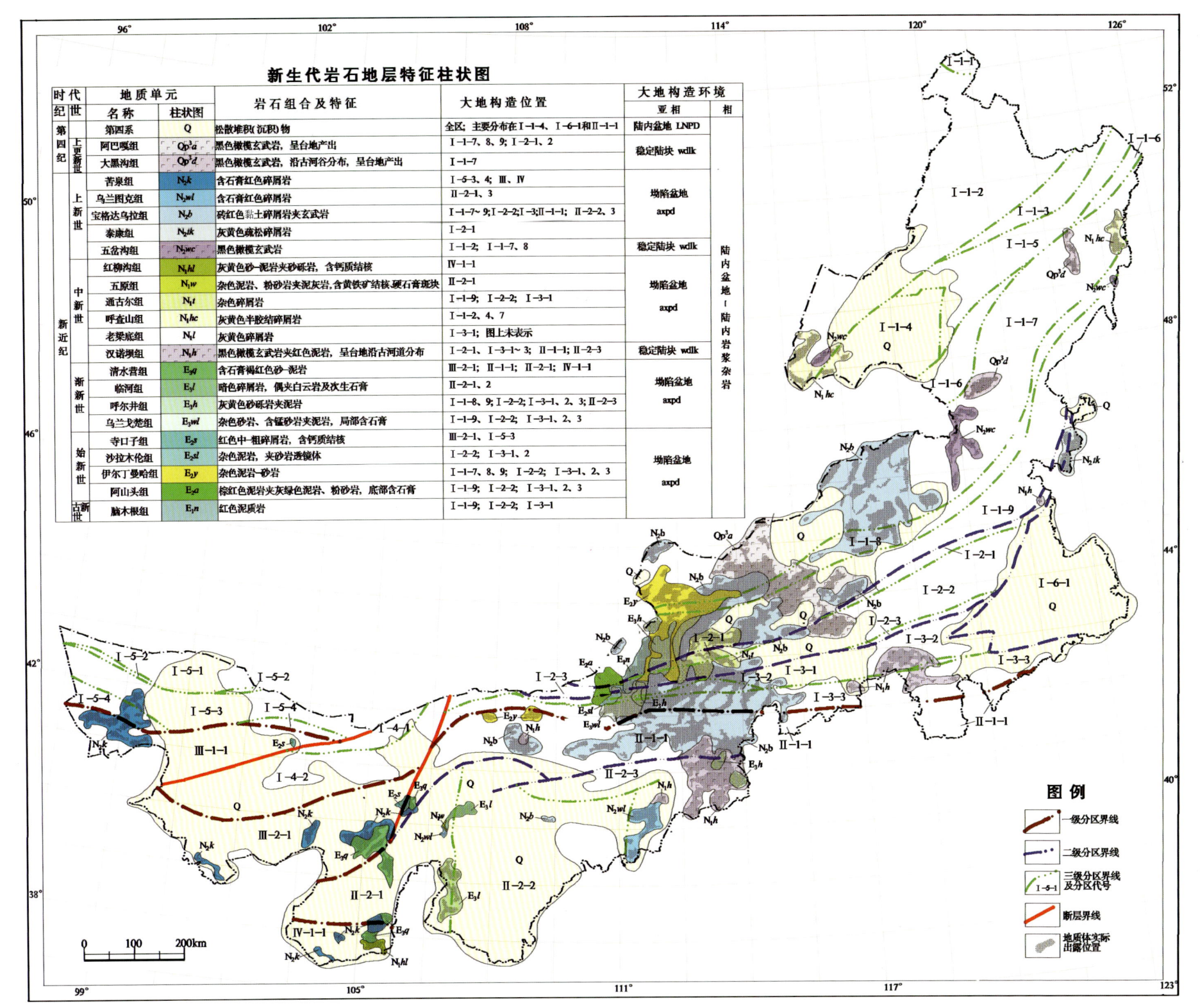

图 3-21 新生代地质建造分布图

8. 五原组

中新统五原组（N_1w）出露在内蒙古中西部，为湖泊泥岩-粉砂岩组合，岩性为杂色粉砂质泥岩、含砾砂岩、砖红色泥岩、棕红色细砂岩，含黄铁矿结核和硬石膏斑块。

9. 红柳沟组

中新统红柳沟组（N_1hl）出露在内蒙古西南部，为河流砂砾岩-粉砂岩-泥岩组合，岩性为灰色砾岩、灰黄色含砾砂土、含大量钙质结核，为陆内坳陷盆地沉积。

10. 泰康组

上新统泰康组（N_2tk）出露在内蒙古东部，为河流砂砾岩-粉砂岩-泥岩组合，岩性为胶结疏松、产状平缓之砂砾岩夹泥质粉砂岩和泥岩，为陆内坳陷盆地冲积扇相。

11. 宝格达乌拉组

上新统宝格达乌拉组（N_2b）出露在内蒙古中东部，为湖泊含砾粗砂岩-砂质泥岩组合，岩性为黄褐色砂质泥岩、黄褐色含砾粗砂岩，局部夹玄武岩，陆内坳陷盆地沉积。

12. 乌兰图克组、苦泉组

上新统乌兰图克组（N_2wl）和苦泉组（N_2k）出露在内蒙古中南部，为河流砂砾岩-粉砂岩-泥岩组合，岩性为橘红、橘黄色泥质钙质砂岩，砂砾岩夹砂质泥岩，粉砂岩，棕红色泥岩与灰黄色粉细砂岩互层夹砾岩等，为陆内断陷盆地沉积。

（二）新生代稳定陆块火山岩

汉诺坝组、五岔沟组、大黑沟组、阿巴嘎组：内蒙古东南部出露中新统汉诺坝组（N_1h）为稳定陆块环境玄武岩、橄榄玄武岩；内蒙古东北部出露上新统五岔沟组（N_2wc）稳定陆块环境橄榄玄武岩；内蒙古东北部出露上更新统大黑沟组（Qp^3d）稳定陆块环境橄榄玄武岩；内蒙古中部出露阿巴嘎组（Qp^3a）稳定陆块环境橄榄玄武岩。

第四章 古板块俯冲带位置厘定

古亚洲洋俯冲带残留的痕迹并不多,在依据俯冲增生杂岩残片断续分布的同时,更重要的是根据洋壳俯冲效应形成的岩浆弧(岛弧、火山弧、陆缘弧等)、增生楔和整个弧盆体系的时空展布规律,恢复古俯冲带的发育位置。

在内蒙古范围内根据俯冲增生杂岩恢复了9条古俯冲带,而根据俯冲岩浆效应反推共发现有11条古俯冲带,分别为大兴安岭弧盆系之中的哈达图-新林俯冲带(I-1-3)、红花尔基-李增碰山俯冲带(I-1-6)、贺根山-扎兰屯俯冲带(I-1-8)+锡林浩特俯冲带(I-1-9);索伦-扎鲁特旗结合带之中的达青牧场俯冲带(I-2-1)和西拉木伦俯冲带(I-2-3);温都尔庙弧盆系之中的温都尔庙-套苏沟俯冲带(I-3-2);哈日博日格弧盆系之中的恩格尔乌苏俯冲带(I-4-1);北山弧盆系之中的甜水井-红石山蛇绿混杂岩带(I-5-2)、狼头山-杭乌拉俯冲带(I-5-4);塔里木陆块区之中的柳园裂谷南侧俯冲带;以及中国东部弧盆系的古太平洋俯冲带。其中柳园裂谷南侧俯冲带和古太平洋俯冲带不在研究区范围内,只有它们俯冲碰撞造成的岩浆效应(图4-1,表4-1)。

第一节 海拉尔小洋盆之俯冲带

在额尔古纳岛弧与东乌珠穆沁旗-多宝山岛弧之间为海拉尔-呼玛弧后盆地,其开始于中元古代伸展环境形成的弧后小洋盆,在早志留世拉张有新的洋壳生成,并分别在新元古代早期和晚石炭世早期发生了俯冲活动。晚石炭世早期小洋盆双向俯冲(主体向北西俯冲)并最终碰撞造山。俯冲致使在哈达图-新林俯冲带、红花尔基-李增碰山俯冲带和海拉尔-呼玛弧后盆地之中形成了残余洋壳蛇绿混杂岩、构造混杂岩等俯冲增生杂岩。

一、哈达图-新林俯冲带

哈达图-新林俯冲带为海拉尔小洋盆北西缘俯冲带,呈北东向展布,宽小于80km,长大于700km。其是海拉尔小洋盆在新元古代早期和晚石炭世初期向额尔古纳岛弧之下发生了俯冲碰撞活动造成的俯冲增生杂岩带。

(一)哈达图-新林俯冲-碰撞效应

1. 俯冲带在新元古代早期向额尔古纳岛弧之下俯冲

南华纪佳疙瘩组(Nhj)火山-沉积岩呈北东向遍布于额尔古纳岛弧。岩性为半深海浊积岩夹变质安山岩、安山玄武岩及少量流纹质火山碎屑岩,火山岩为岛弧环境中形成的拉斑系列-钙碱系列玄武岩-安山岩-流纹岩组合。

在额尔古纳岛弧北部,新元古代侵入了中基性和酸碱性侵入岩。中基性岩有辉长岩-闪长岩和石英二长闪长岩、石英闪长岩、花岗闪长岩和奥长花岗岩,为亚碱系列;酸碱性岩有二长花岗岩、正长花岗岩、黑云母花岗岩、正长岩,剔除石英含量小于10%的辉长岩、闪长岩后,中酸性岩在An-Ab-Or图解中为G_1-QM组合,酸碱性岩在主元素分类图解中为花岗闪长岩和花岗岩。总体构成花岗闪长岩-花岗岩(GG)组合。

2. 俯冲带在晚石炭世初期向额尔古纳岛弧之下俯冲

在额尔古纳岛弧南部新巴尔虎右旗一带,沉积了上石炭统宝力高庙组(C_2b)安山岩、酸性凝灰岩、变质砂岩、砾岩、千枚岩组成岛弧火山岩组合。

在额尔古纳岛弧阿龙山一带,侵入了晚石炭世石英闪长岩、花岗闪长岩、二长花岗岩和正长花岗岩组成的GG组合。为高钾钙碱系列为主的俯冲期陆缘弧岩浆杂岩。另外,在满归附近还侵入有少量辉长岩和闪长岩。

在额尔古纳的岛弧中部嵯岗镇—下护林一带,侵入了晚石炭世黑云母花岗岩、正长花岗岩构成的高钾-钾玄质花岗岩组合,黑云母花岗岩内石榴石含量达3%,可谓同碰撞强过铝花岗岩组合。

(二)哈达图-新林俯冲增生杂岩特征

哈达图-新林俯冲带之中出露蛇绿混杂岩,俯冲带及其南侧还出露变质增生杂岩。

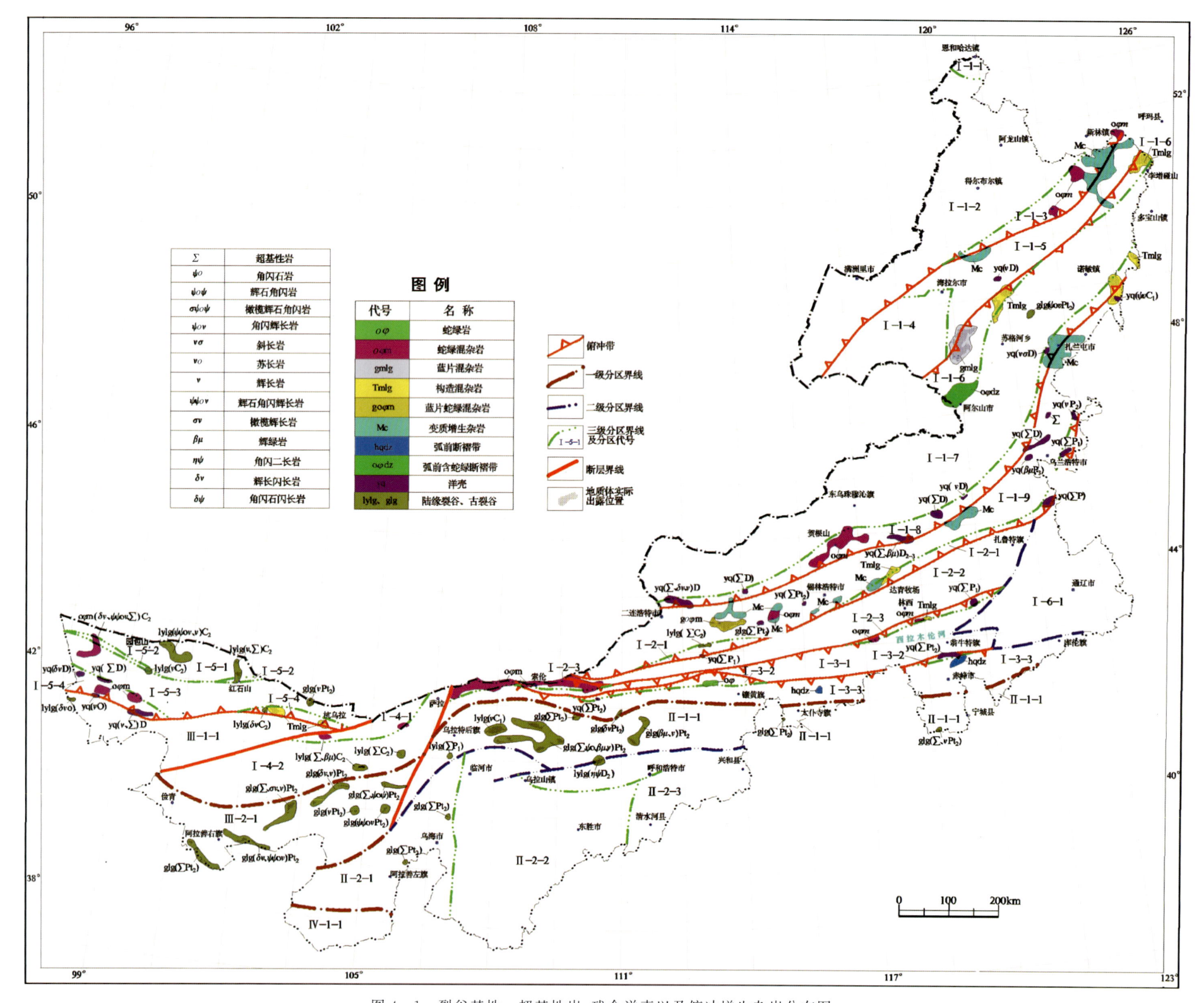

图 4-1 裂谷基性—超基性岩、残余洋壳以及俯冲增生杂岩分布图

表 4-1 内蒙古俯冲带及其俯冲、碰撞效应一览表

俯冲带特征									俯冲、碰撞（岩浆）效应				
大地构造位置	名称（代号）	岩石构造组合	混杂地质体代号	增生楔宽度(km)	俯冲方向	俯冲时间	俯冲幅度	碰撞强度	大地构造位置	建造	环境	岩石构造组合	地质单元代号
海拉尔小洋盆	哈达图-新林俯冲带（I-1-3）	蛇绿混杂岩组合 oφm，变质增生杂岩组合 Mc	φωPt₂、ΣPt₂、ωPt₂、Pt₃-∈、Zj、Zd、O₁-₂dy、O₂-₃lh、D₁-₂n、D₂-₃d、ΣD、C₁m	<80	北西	Pt₃早期	大		I-1-2	侵入岩	陆缘弧	辉长-闪长岩+GG组合	(ηδο、ν-δ、γδ、δο、ξγβ、ηγ、γ、ηγβ、ξβ、ξο)Pt₃
										火山岩	陆缘弧	安山岩-英安岩-流纹岩组合	Nhj、Zd
						C₂初期	较大	很大		侵入岩	陆缘弧	TTG组合	(ηγβ、γδ、δο、ξγ、γβ、γ)C₂
	红花尔基-李增碰撞山蓝片构造混杂岩带（I-1-6）	蓝片混杂岩组合 gm-lg，构造混杂岩组合 Tmlg	O₁-₂d、O₂-₃lh、S₁h、S₂b、S₃w、D₁-₂n、D₂-₃d、Wrl、C₁h、C₁m、gls	<40	南东	C₂初期	很小	很大					
古亚洲洋	大兴安岭弧盆系					Pt₃早期	较大		I-1-4、I-1-5	火山岩	岛弧	安山岩-英安岩-流纹岩组合	Nhj
									I-1-8、I-1-7	侵入岩	岛弧	TTG组合	(φον、γο、ηγ、ηγο)Pt₃
										火山岩	岛弧	安山岩-英安岩-流纹岩组合	Nhd、Zj
						O₁早期	较小		I-1-8、I-1-9、I-1-7、I-1-5	侵入岩	陆缘弧	GG组合	(γδ、δο、γδο、ηγ)O₂
	贺根山-扎兰屯俯冲带（I-1-8）+锡林浩特俯冲增生杂岩带（I-1-9）	构造混杂岩组合 Tmlg、蛇绿混杂岩组合 oφm，变质增生杂岩组合 Mc	Pt₁B、Pt₁X、ΣPt₂、βμPt₂、Pt₂h、Pt₂s、γPt₃、Zd、Pt₃-∈、O₁-₂d、O₂-₃lh、ΣO、S₁b、S₂b、S₂w、(S₃-D₁)x、D₁-₂n、D₂-₃d、Wrl、D₃C₁s、ΣD、νD、νD₂-₃、νσD₂-₃、O₃-C₁	100~200	北西	D₂晚期	较大		I-1-8、I-1-9、I-1-7、I-1-5	火山岩	陆缘弧	玄武岩-安山岩-流纹岩组合	O₁-₂d
										侵入岩	陆缘弧	TTG组合	(γδ、δο、γδ、δο、γδο、γβ、ηγο)D₃
										火山岩	陆缘弧	玄武岩-安山岩-流纹岩组合	D₂-₃d
									I-1-5	侵入岩	陆缘弧	TTG组合	(δο、ηγ、ηγβ、γ、ηγ)C₂
										火山岩	弧后盆地	弧后盆地火山岩组合	C₂bl
						C₂初期	很大	很大	I-1-7	侵入岩	陆缘弧	玄武岩-安山岩-流纹岩组合	C₂bl、(C₂-P₁)bl、(C₂-P₁)g
										侵入岩	陆缘弧	TTG组合	C₂bl、(C₂-P₁)g、(C₂-P₁)g
									I-1-8、I-1-9	侵入岩	同碰撞	强过铝花岗岩组合	(ηγβm、ηγm)C₂
										火山岩	陆缘弧	玄武岩-安山岩-流纹岩组合	C₂bl、(C₂-P₁)g、C₂bb
	索伦-扎鲁特旗结合带	达青牧场俯冲带（I-2-1）	蛇绿混杂岩组合 oφm	C₂bb、C₂a、ΣC₂、ΣP₁	<80	北西	P₂初期	巨大	较大	I-1-9、I-1-8、I-1-7、I-1-5	侵入岩	陆缘弧	TTG组合	(δο、γδ、δηρ、ηγ、πηγ、δ、γο、γ、ν)P₂
									东段	侵入岩	同碰撞	强过铝花岗岩组合	(ηγβm、ηγm)P₂
										侵入岩	陆缘弧	高钾-钾玄质花岗岩组合	(ξγ、χργ)P₂
										火山岩	陆缘弧	玄武岩-安山岩-流纹岩组合	P₂ds、P₁-₂ds
		西拉木伦俯冲带（I-2-3）	蛇绿混杂岩组合 oφm	(S₃-D₁)x、ΣC、C₂b、C₂a、βμP₁、P₁ss、P₁sm、ΣP₁	<30	南东	P₁末-P₂初期	巨大	较大	I-3-1、I-3-2、I-3-3、II-2-3、II-2-3	侵入岩	陆缘弧	TTG组合	(δο、ηγ、γδ、γο、γ、δ、ν)P₂
										侵入岩	同碰撞	高钾-碱玄质花岗岩组合	(ξγ)P₂
										火山岩	陆缘弧	玄武岩-安山岩-流纹岩组合	P₂e
	温都尔庙弧盆系	温都尔庙-套苏沟俯冲带（I-3-2）	蛇绿混杂岩组合 oφm，弧前断褶带 hqdz	ΣPt₂、φοPt₂、γοPt₂、Pt₂s、Σ∈、OS₁、S₂s、ΣO、O₁-₂w、(S₃-D₁)x、ΣC₂、δνC	<80	南东	Pt₃早期			I-3-3、II-1-1	侵入岩	陆缘弧	TTG组合	(γδο、δ)Pt₃
						O₁早期	较小		I-3-2、I-3-3、II-1-1	侵入岩	陆缘弧	TTG组合	(γδο、δο)O₂-₃
									I-3-2、I-3-3	火山岩	陆缘弧	变质中基性火山岩组合	O₁-₂h
						D₂晚期	较大		I-3-3	侵入岩	陆缘弧	GG组合	(γ、δ、γδ)D₃
						C₂初期	很大	很大	II-1-1、II-2-3	侵入岩	陆缘弧	TTG组合	(πηγ、πγδο、ροφ、δ、ηγ)C₂
									I-3-2、I-3-3	火山岩	弧后盆地	玄武岩-安山岩-流纹岩组合	C₂bb、qv
	北山弧盆地	甜水井-红石山俯冲带（I-5-2）	蛇绿混杂岩组合 oφm	φφον C₂、δνC₂、ΣC₂										
		狼头山-杭乌拉俯冲带（I-5-4）	蛇绿混杂岩组合 oφm	(νO、ΣO、O₂-₃ by、O₂-₃ x、S₂-₃ g、S₂-₃ ss、Pt₂-₃G、Pt₂-₃ y）	40~50	北北西	O₁早期			I-5	火山岩	陆缘弧	玄武岩-安山岩-流纹岩组合	O₂-₃ x、O₃ by、S₂-₃ g
						D₂晚期	较大		I-5-1、2、3	侵入岩	陆缘弧	TTG组合	(πγδ、ηγ)D₃
						C₂初期	很大		I-5	侵入岩	陆缘弧	TTG组合	(δο、γδ、πγδ、γδο、πδο、πγδ、πηγ、πγδο、πηγβ)C₂
	哈日博日格弧盆系	恩格尔乌苏俯冲带（I-4-1）	蛇绿混杂岩组合 oφm	ΣC₂、βμC₂	40~50	南东	Pt₃早期	较大		I-4-2	侵入岩	陆缘弧	TTG组合	(γδο、πγδο)Pt₃
						D₂晚期	较大		III-2-1	侵入岩	陆缘弧	TTG组合	(γ、πγδ、γδ、ηγδν、γδο、ηρ、δο、γ、ηγ、δ)D₃
						C₁末期	很大		I-4-2、III-2-1	侵入岩	陆缘弧	TTG组合	(γ、γο、γδ、δο、πγ、ηγ、ηγ、γδο)C₂
	塔里木陆块区	柳园岩浆弧南侧俯冲带			北	P₂初期	很大		III-1-1、I-5	侵入岩	陆缘弧	TTG组合	(ν、γδο、δο、ηγδ、γβ、δομ、ηγ、γρπ、νψ、δγδ)P₂
										火山岩	陆缘弧	玄武岩-安山岩-流纹岩组合	P₂j
古太平洋东侧	古太平洋弧盆系	古太平洋俯冲带			北西	T₂中晚期、J₂末期	很大		I-1、I-2、I-3、II-1-1、II-2-3	侵入岩	陆缘弧	TTG组合	(γδ、δο、γο、γβ、δομ、ηγ、γρπ、υψ、δηρ)T₃-K₁
										火山岩	陆缘弧	安山岩-英安岩-流纹岩组合	J₂tm、J₃mk、J₃mn、J₃b、K₁lj

1. 风云山-松岭区变质增生杂岩

海拉尔-呼玛弧后盆地在中元古代拉张成弧间小洋盆,在中元古代早期和晚石炭世早期弧间洋盆俯冲消减碰撞后形成增生楔,成为构造混杂岩(俯冲增生杂岩);在晚石炭世—早三叠世经历了上覆沉积沉降、高温变质、片岩、片麻岩化,局部地段熔融混合岩化,形成混合花岗岩或混合岩;在中三叠世中晚期造山过程中遭受挤压变形变质最终形成该变质杂岩体。也就是说,整个所谓的风云山-松岭区变质杂岩是弧间小洋壳俯冲形成的俯冲增生变质杂岩楔。

(1)新林镇以南松岭一带出露大量的变质杂岩(Mc),范围包括海拉尔-呼玛弧后盆地及两侧俯冲增生杂岩带(图4-1)。1:20万六十林场幅和阿里河幅区域地质调查归为兴华渡口群,主要岩石类型为变粒岩、浅粒岩、斜长角闪岩、绿泥石英斜长片岩、含石榴石斜长片岩、云母斜长片岩等,为(变质俯冲增生杂岩楔环境)斜长角闪岩-变粒岩-片岩组合。原岩为一套含中酸性火山岩的陆源碎屑沉积-基性火山岩建造。岩化分析结构反映出原岩形成环境是一种不成熟岛弧环境。

近年来一些学者将其放置在寒武纪,如苗来成等(2007)采用高精度离子探针(SHRIMP Ⅱ)对黑龙江省新林—韩家园子地区出露的兴华渡口群中变质火成岩和变质碎屑岩进行了锆石U-Pb定年研究。结果表明:兴华渡口群中的变火成岩类形成于$(506±10)$Ma—$(547±46)$Ma,变碎屑岩中碎屑锆石年龄谱中出现大量的1.0~1.2Ga、1.6~1.8Ga和2.5~2.6Ga的年龄,说明其成岩时代至少小于1.0Ga;认为兴华渡口群代表寒武纪或新元古代活动大陆边缘的火山-沉积建造(苗来成等,2007)。

(2)在风云山地区零星出露变质杂岩,1:20万地质报告划为前奥陶系新峰山群,在1:25万小乌尔旗汉林场幅地质报告改为古元古界兴华渡口群(Pt_1X),皆为岩性对比。岩性主要为灰色、灰黑色碎裂含矽线石英岩、长石二云石英片岩、含堇青二云石英片岩、绿泥绢云石英片岩、二云片岩、含石榴二云片岩、绿帘绿泥石阳起片岩、黑云斜长片岩、二云斜长片麻岩、斜长角闪岩、红柱黑云长英角岩、含堇青长英角岩、角闪变粒岩、混合岩化变粒岩、浅粒岩、条带状混合岩和磁铁石英岩等。恢复原岩多为砂泥质岩夹中基性火山岩。由于同松岭区"古增生楔"变质增生杂岩皆处在海拉尔-呼玛弧后盆地之中,具有可比性,因此将其定为变质增生杂岩,变质增生楔斜长角闪岩-变粒岩-片岩组合。1:5万克里河林场幅(内蒙古自治区第十地质矿产勘查开发院)变粒岩中采用SIMS锆石U-Pb同位素测年为320~370Ma。

2. 哈达图-新林蛇绿混杂岩

(1)吉峰林场出露具有典型鬣刺结构的科马提岩,总体呈北东向展布,呈构造岩片产于上石炭统新伊根河组(C_2x)内,地表控制长度4km,宽80~800m,岩石类型有滑石化蛇纹石化含透辉石橄榄质科马提岩、蛇纹岩、直闪石岩、滑石岩、绿帘石化黝帘石化黑云母化玄武岩。由超镁铁质科马提岩、玄武质科马提岩、拉斑玄武岩和辉长岩等组成的科马提岩系列,由8件科马提岩、辉长岩和拉斑玄武岩样品的Sm-Nd同位素数据构成一条相关性较好的等时线,其Nd模式年龄多数为1589~1799Ma,等时线年龄为$1727±74.7$Ma,表明该区科马提岩形成于中元古代早期,来源于亏损地幔源区。这一地壳增生事件可能与松嫩地块从西伯利亚地台南缘裂解有关(胡道功等,2003)。

(2)环二库的蛇纹岩具有强蛇纹石化、透闪石化和滑石化,局部见残余细粒的变质橄榄岩和橄辉岩,其原岩为具有交代残余结构的变质橄榄岩、橄辉岩、角闪辉长岩和玄武岩,Sm-Nd同位素年龄$1470±32$Ma,相当中元古代。产于新元古代震旦纪吉祥沟组(Zj)变质火山-沉积岩系之中,二者并非覆盖关系,推断也呈构造岩片冷侵位于震旦纪地层中。角闪辉长岩呈串珠状或透镜状产出,变质变形强烈,除变斑块中心部位保存块状构造外,两侧形成斜长角闪片岩或糜棱岩,拉伸线理发育;玄武岩具气孔、杏仁构造,多呈破碎岩块产出。

(3)稀顶山超基性岩为纤维变晶结构的蛇纹岩与辉长岩(ΣP_1),产于奥陶纪多宝山组($O_{1-2}d$)内,时代置于早二叠世,缺乏依据。推断呈构造岩片产出。

(4)在新林东21.5km处黑龙江省境内至内蒙古境内出露蛇绿混杂岩。蛇绿岩形态为近半椭圆形,呈北北东向展布,其与外围岩石皆呈断层接触。岩石组合自下而上由蛇纹混杂带、绿泥石滑石片岩带、变质橄榄岩(蛇纹岩)、层状堆晶岩、席状岩床杂岩和变玄武岩构成。新林蛇绿岩为典型的E-MORB型蛇绿岩(杜海涛等,2013),形成于古洋盆初始裂解阶段的洋中脊构造环境。新林蛇绿岩中的超镁铁质岩锆石U-Pb同位素SHRIMP谐和年龄为443.4Ma和432.3Ma(杜海涛等,2013),蛇绿岩的形成时代为早志留世。与蛇绿岩混杂在一起的还有下-中奥陶统大伊希康河组($O_{1-2}dy$)浊积岩(砂岩)-滑混岩组合、裸河组(O_2lh)浊积岩(砂板岩)-滑混岩组合、下-中泥盆统泥鳅河组($D_{1-2}n$)台盆含放射虫硅泥质岩组合,岩石破碎严重,组段块体大多以断层接触为主。

二、红花尔基-李增碰山俯冲-碰撞带

红花尔基-李增碰山俯冲-碰撞带为海拉尔小洋盆南东缘俯冲-碰撞带,呈北东向展布,宽小于50km,长大于600km,多处出露了俯冲-碰撞增生杂岩。俯冲带上盘(南侧)为东乌珠穆沁旗-多宝山岛弧,其处于该俯冲-碰撞带与古亚洲洋北缘贺根山-扎兰屯俯冲带之间,岛弧主要反映了贺根山-扎兰屯俯冲带俯冲形成的侵入岩、火山岩等岛弧环境地质建造,而红花尔基-李增碰山俯冲-碰撞带造成的俯冲-碰撞效应不明显。下面主要介绍俯冲增生杂岩特征。

1. 红花尔基俯冲增生杂岩

在红花尔基到乌努尔一带出露俯冲增生杂岩,呈楔形北东向展布,南西宽、北东窄并逐渐尖灭,最宽处15~20km,长度大于150km,再向北东不清楚,被中新生代侵入岩、火山岩和沉积岩占据。

该楔形带从南东到北西由3条带构成——南带为蓝闪石带、中间为冻蓝闪石带、北带为混杂堆积带。

1) 蓝闪石带

蓝闪石带见于头道桥东南4km、伊敏河左岸苏格塔一带,走向330°,倾向北东,倾角33°～40°,该带出露宽度约700m,西部与上侏罗统火山岩呈高角度断层接触,东部被上更新统风成砂覆盖。该变质带由钠长绿泥蓝闪片岩、钠长绿泥绿帘片岩、绿泥石英片岩和千枚岩组成。为一套高压变质作用下形成的岩石组合。

2) 冻蓝闪石带

冻蓝闪石带分布在红花尔基河和伊敏河汇合口东侧。岩石是硅质、泥质岩变质的碎裂钠长石化岩石。矿物组合:冻蓝闪石、钠长石等。

3) 混杂堆积带

在蓝闪石带西北侧,发育宽数千米的混杂堆积,由大小不一、相差悬殊的块体或角砾混杂堆积在一起,块体或角砾由奥陶系、中上泥盆统及下石炭统组成。推测形成混杂堆积的时间应在早石炭世末期。

2. 李增碰山构造混杂岩

在李增碰山一带出露构造混杂岩,地质体呈大小不等的断块状,断块之间为不同方向的断裂,构成了局部有序整体无序的构造混杂岩,包括中-上奥陶统裸河组($O_{2-3}lh$)浊积岩(砂板岩)-滑混岩组合、下志留统黄花沟组(S_1h)滨浅海砂岩-粉砂岩-泥岩组合、中志留统八十里小河组(S_2b)滨浅海砂岩-粉砂岩-泥岩组合、上志留统卧都河组(S_3w)滨海相砂岩-粉砂岩-泥岩组合、下-中泥盆统泥鳅河组($D_{1-2}n$)台盆含放射虫硅质岩组合和中-上泥盆统大民山组($D_{2-3}d$)岛弧玄武岩-安山岩-流纹岩组合夹沉积岩。构造混杂岩被晚石炭世陆缘弧环境二长花岗岩和石英闪长岩侵入。

3. 阿尔山弧前含蛇绿断褶带

在红花尔基-李增碰山俯冲-碰撞带西南端南东侧阿尔山安全车站一带出露蛇绿岩及断褶带,包括蛇纹石化斜方辉橄岩、下寒武统苏中组灰岩建造、中上奥陶统裸河组砂泥岩-灰岩建造下中泥盆统泥鳅河组等,岩石破碎,且它们之间皆为断层接触。推测可能与红花尔基增生杂岩相连。

第二节 古亚洲洋俯冲带

古亚洲洋位于东乌珠穆沁旗-多宝山岛弧与敖仑尚达-翁牛特旗岩浆弧之间,它始于中元古代伸展环境形成的大洋盆地,经历了古元古代早期至晚石炭世早期多次向北西单向俯冲碰撞活动,形成了宽阔的贺根山-扎兰屯俯冲增生杂岩带和锡林浩特俯冲增生杂岩带,大洋在晚石炭世—早二叠世再次强烈增生拓宽后,在早二叠世末期—中二叠世早期双向俯冲,形成了达青牧场俯冲增生杂岩带、西拉木伦俯冲增生杂岩带和两者之间的林西残余盆地。

一、贺根山-扎兰屯俯冲带

贺根山-扎兰屯俯冲带位于古亚洲洋北西缘、东乌珠穆沁旗-多宝山岛弧南侧,总体走向北东,宽度80～100km,长大于1000km。

(一) 贺根山-扎兰屯俯冲-碰撞效应

贺根山-扎兰屯俯冲带始于新元古代早期的北西向俯冲,之后分别在早奥陶世早期、中泥盆世晚期和晚石炭世早期向北西俯冲和碰撞。

1. 俯冲带在新元古代早期向东乌珠穆沁旗-多宝山岛弧之下俯冲

俯冲带北西侧东乌珠穆沁旗-多宝山岛弧之中出露了南华系—震旦系火山-沉积岩建造。在南华系佳疙瘩组半深海浊积岩组合内夹有变质安山岩、安山玄武岩及少量流纹质火山碎屑岩,为岛弧环境形成的拉斑系列-钙碱系列玄武岩-安山岩-流纹岩组合。

于东乌珠穆沁旗-多宝山岛弧东部边缘出露新元古代俯冲期岩浆杂岩,岩性为石英二长闪长岩、奥长花岗岩和二长(正长)花岗岩等,属钙碱-高钾钙碱-钾玄岩系列,主元素分类图解中为花岗闪长岩-花岗岩,在$An-Ab-Or$图解中为T_2-G_2,为大洋俯冲陆缘弧环境中形成的TTG组合。

2. 俯冲带在早奥陶世早期向东乌珠穆沁旗-多宝山岛弧之下俯冲

于东乌珠穆沁旗-多宝山岛弧的中南部出露下中奥陶统多宝山组($O_{1-2}d$)玄武岩-安山岩-流纹岩组合。属亚碱系列为主的岛弧火山岩。

在阿尔山一带出露中奥陶世石英闪长岩和斜长花岗斑岩,钙碱系列,为岛弧环境类TTG组合;在诺敏一带出露花岗闪长岩、二长花岗岩,高钾钙碱系列,为岛弧环境GG组合。

3. 俯冲带在中泥盆世晚期向东乌珠穆沁旗-多宝山岛弧之下俯冲

在扎兰屯市济沁河林场—库林沟林场一带的大民山组($D_{2-3}d$)为安山岩、英安岩、石英角斑岩、细碧岩、中酸性火山岩夹砂岩、粉砂岩和放射虫硅质岩等,属半深海放射虫-硅质骨针组合。其中火山岩构成玄武岩-安山岩-流纹岩组合,为亚碱系列、拉斑系列的岛弧(洋内弧)火山岩。

在苏格河乡和中央站林场一带出露晚泥盆世岛弧环境TTG组合,岩性主要为石英闪长岩、花岗闪长岩、奥长花岗岩,少量闪长岩及英云闪长岩。

4. 俯冲带在晚石炭世初期向东乌珠穆沁旗-多宝山岛弧之下俯冲碰撞

在东乌珠穆沁旗-多宝山岛弧南缘,出露上石炭统宝力高庙组(C_2b)钙碱系列陆缘火山弧组合,出露范围不大,岩性为玄武岩、安山岩、安山质熔结凝灰岩。

在罕达盖嘎查—耳场子沟一带,出露大量的晚石炭世TTG组合,岩性为石英二长闪长岩、石英闪长岩、花岗闪长岩、二长花岗岩和奥长花岗岩等,属钙碱系列,为俯冲期陆缘弧岩浆杂岩。

在亚东镇一带出露晚石炭世二云母二长花岗岩、白云母二长花岗岩组成强过铝花岗岩组合,属高钾钙碱系列,为同碰撞岩浆杂岩。

(二)贺根山-扎兰屯俯冲增生杂岩特征

贺根山-扎兰屯俯冲带之中分布有大量俯冲增生杂岩,包括残余洋壳、变质增生杂岩、蛇绿岩和蛇绿混杂岩。

1. 二连蛇绿岩

在二连北东出露有俯冲增生杂岩,杂岩的基质为上石炭统本巴图组(原1:20万地质图中为中泥盆统和下石炭统)浊积岩,其内混杂有较多的泥盆纪蛇绿岩碎片,超基性岩、辉长岩、硅质岩等。

2. 锡林郭勒杂岩

对锡林浩特市西(略偏南)140km处锡林郭勒杂岩中变质细粒二长花岗岩和条带状黑云二长花岗片麻岩进行了锆石同位素研究(孙立新,2013),采用LA-MC-ICPMS仪器进行了锆石定年测试,锆石核部年龄分别为 $1516\pm31Ma$ 和 $1390\pm17Ma$,属中元古代。变质细粒二长花岗岩锆石核部 $\varepsilon_{Hf}(t)$ 为正值,变化于2.8~8.5之间,单阶段模式年龄 t_{DM} 变化范围为 $1.71\sim1.84Ga$, t_{DM} 大于岩石形成年龄,揭示出岩浆来源于地幔源区物质的添加;黑云二长片麻岩锆石的 $\varepsilon_{Hf}(t)$ 均为正值,变化范围为 $0.4\sim11.9Ga$,表明岩浆来源于地幔源区。反映出这两种花岗岩可能融入了中元古代洋壳。

3. 中元古代残余洋壳

在二连浩特与锡林浩特之间出露桑达来呼都格组(Pt_2s),该组为绿帘阳起片岩-绿泥钠长片岩-阳起钠长片岩夹变质中基性熔岩、含铁石英岩建造,其原岩为洋壳性质的枕状拉斑玄武岩、细碧角斑岩、含铁硅质岩、含铁硅质碳酸盐岩、安山岩以及辉长岩和辉橄岩等,安山岩Sm-Nd等时线法年龄值1224Ma;该套组合出露在北东向展布的贺根山-扎兰屯俯冲增生杂岩带南部,与蛇绿混杂岩共生或相距不远,其北部为泥盆纪洋壳性质的蛇绿岩,俯冲增生杂岩带由北到南、由新到老反映出古亚洲洋在向北西俯冲,大洋北部洋壳以及大洋中脊已经俯冲至东乌珠穆沁旗-多宝山岛弧之下消失,现今地表残留的是古亚洲洋南部洋壳残片。古洋壳的分布代表早期古亚洲洋曾经发育的位置,或者反映出早期古亚洲洋俯冲增生杂岩带的位置。

4. 贺根山蛇绿岩

在贺根山一带内出露有泥盆纪俯冲增生杂岩、远洋沉积、蛇绿岩等,是迄今为止在内蒙古境内蛇绿岩研究比较详细的地区之一。蛇绿岩由下而上可以分为变质橄榄岩、堆晶岩、基性岩墙群、硅质岩、放射虫碧玉岩等远洋沉积。其中碧玉岩中的放射虫由王乃文鉴定,时代为晚泥盆世。20世纪70年代对纯橄岩、斜方辉橄岩进行的同位素年龄测试(钾-氧法)结果:一个为430Ma、两个为346Ma和一个为380Ma,基本都落在中-晚泥盆世范围内。

5. 呼哈达-芒哈屯蛇绿混杂岩

据1:20万地质图说明书介绍,哈拉黑只有一小脉、近东西向。呼哈达岩体由4个大小不等的似脉状和透镜状的超基性岩体组成。规模均较小。其"侵入"于中二叠统哲斯组砂板岩之中,与围岩接触面呈波状,向下变陡。围岩产生了数十米宽的强烈绿泥石化带。生成叶片状绿泥石,使岩石呈现微鳞片变晶结构。有小部分岩体直接被下侏罗统火山岩所覆,在凝灰岩及底部的凝灰质砾岩中分别含超基性岩角砾和铬铁矿砾石。岩体分异较好,包括灰绿色、黄绿色和绿色蛇纹石化纯橄榄岩、蛇纹石化含辉石纯橄榄岩和蛇纹石化斜方辉石橄榄岩。岩石片理化,多裂隙。在纯橄榄岩带的中下部有时形成小的铬铁矿体,矿体由许多小矿巢构成,形状、产状和岩体基本一致。

芒哈屯的超基性岩,受断裂构造控制,呈北北东向脉状体"侵入"于中二叠世花岗闪长岩和大石寨组(P_2ds)之中,主要为辉石橄榄岩、蛇纹岩和少量辉石岩,含细脉状或不规则粒状铬铁矿。岩石类型有碱性(A)和拉斑系列,为贫铝幔源类型。在Q-A-P图解中样点位于裂谷区。

6. 扎兰屯蛇绿岩

在扎兰屯西南韩家地一带出露超基性岩,岩性为斜辉橄榄岩(或斜方辉橄岩),宽5.3m,长度不清。呈北东向赋存于"下二叠统高家窝铺组(P_1g)"[此次编图厘定为中二叠统大石寨组(P_2ds)]酸性熔岩构造破碎带中,岩石强烈蚀变,大部变为蛇纹岩,薄片中见交代变余橄榄石残晶。成岩时代随内蒙古中部二连-贺根山超基性岩划归为泥盆纪(内蒙古地质矿产勘查院,此次工作)。

以上两地超基性岩均经受了强烈蚀变,化验结果烧失量都很高,可利用性差。从现有资料来看,韩家地的斜方辉橄岩与贺根山的斜方辉橄岩大体相当,略有差别,前者 SiO_2、Al_2O_3、TiO_2、K_2O、Na_2O、Fe_2O_3 较高,而 FeO、MgO 低。

7. 扎兰屯变质增生杂岩

在扎兰屯一带出露变质俯冲增生楔片岩-石英岩-大理岩组合,以扎兰屯(北东东走向)为界分为南北两部分。

扎兰屯以南为扎兰屯群绢云绿泥斜长石英片岩、云母石英片岩、石英片岩和混合岩,且以混合岩为主。混合岩包括注入混合岩、脉状混合岩、条带状混合岩、条纹状混合岩和混合花岗岩。

扎兰屯以北由扎兰屯群绢云绿泥钠长片岩、结晶灰岩、赤铁石英岩、绢云石英片岩、绢云绿泥石英片岩以及变质砾岩、黄绿色变质砂岩、变质粉砂岩等浅变质正常碎屑岩夹玄武岩组合等组成,反映出构造混杂岩特征。苗来成在扎兰屯市东北约 20km 处绿泥片岩(原岩为基性火山岩或凝灰岩)中进行的锆石 SHRIMP U-Th-Pb 年龄测试,分析年龄为 543±5Ma 和 506±3Ma。反映出火山岩的成岩年龄为新元古代—寒武纪,应为早奥陶世早期贺根山-扎兰屯俯冲带俯冲形成的增生楔。根据混合岩注入的最新地层为上石炭统高家窝棚组(1:20 万华安公社幅区域地质调查报告),上石炭统与下二叠统连续沉积,因此推测混合岩化时代为早二叠世末期以后,形成于古亚洲洋在达青牧场俯冲带向北俯冲消亡的过程中。

8.哈达阳变质增生杂岩

多宝山南面哈达阳一带出露的变质杂岩在 1:20 万区域地质调查报告中归为新元古代新开岭群。

苗来成(2003)将这一带出露的新开岭群称为新开岭-科洛杂岩。岩性主要由科洛杂岩(黑云斜长片麻岩)、新开岭群构造片岩和其中侵入的黑云二长花岗岩及花岗闪长岩构成。苗来成对该 4 种岩石进行了锆石 SHRIMP U-Pb 年龄测试,结果如下。

(1)科洛杂岩(黑云斜长片麻岩)的变质年龄为 216±3Ma(晚三叠世),原岩年龄为 337±7Ma(早石炭世)。

(2)新开岭群构造片岩的原岩为中酸性火山岩,喷发年龄为 292±6Ma(早二叠世早期)。

(3)黑云二长花岗岩侵位于 167±4Ma(中侏罗世)。

(4)花岗闪长岩 164±4Ma(中侏罗世)。

根据苗来成的同位素测试结果,结合大地构造分析判断:哈达阳地块属于早石炭世末期贺根山-扎兰屯俯冲增生楔(科洛杂岩);在早二叠世末期叠加了满都拉-达青牧场俯冲增生楔(新开岭群构造片岩);早三叠世晚期—晚三叠世早期碰撞造山,增生楔杂岩强烈变形变质,形成了变质增生杂岩。中侏罗世有大洋俯冲花岗岩侵入。

二、锡林浩特俯冲带

锡林浩特俯冲带又叫锡林浩特岩浆弧,分别反映了不同地质时代大地构造环境属性。

锡林浩特俯冲带出露在贺根山-扎兰屯俯冲增生杂岩带与达青牧场俯冲带之间锡林浩特至蘑菇气一带,呈北东向展布,其与北侧贺根山-扎兰屯俯冲增生杂岩带一道皆为古亚洲洋新元古代—早石炭世增生楔,只是贺根山-扎兰屯俯冲增生杂岩带早一些、而锡林浩特俯冲增生杂岩带略晚。其被称为"岩浆弧"是指在早二叠世末期至中二叠世达青牧场俯冲带向北西俯冲碰撞之后,主体为岩浆弧性质——在中二叠世于俯冲带上盘喷发-沉积有大石寨组(P_2ds)岛弧玄武岩-安山岩-流纹岩组合、哲斯组(P_2zs)弧背盆地环境碎屑岩夹碳酸盐岩组合,侵入了岛弧环境 TTG 岩浆岩组合和同碰撞高钾-钾玄质花岗岩组合(表 4-1)。

1.锡林郭勒(变质增生)杂岩

分布在达青牧场西北的锡林郭勒杂岩总体上呈北东东向带状展布,岩性复杂整体无序,表现为不同成分类型的岩石交替出现,岩石类型主要为黑云斜长片麻岩、斜长花岗片麻岩、角闪斜长片麻岩、斜长角闪岩、花岗片麻岩、变粒岩、混合岩以及混合花岗岩、混合斜长角闪岩等,还可以见到大理岩层块体及石英脉块体等。原岩为中酸性—中基性火山岩-砂泥质沉积岩,地层层序不明显,沉积环境为岛弧-活动大陆边缘下沉带。

该套岩石矿物共生组合为白云母+黑云母+石英,黑云母+石英;角闪石+黑云母+斜长石+石英、角闪石+斜长石+黑云母;可以确定其变质相为高绿片岩相-低角闪岩相。

锡林郭勒杂岩中绿片岩相变形带多叠加在角闪岩相变形带上,使先期形成的变质矿物发生退变质作用,具体表现为斜长石被绢云母交代、黑云母被绿泥石交代等,反映出变形作用对变质反应的发生及发展具有控制作用。另外,在锡林郭勒杂岩的片麻岩中变质矿物的形成与变形有着密切的关系,在形态上呈长柱状或不规则状,边缘片状黑云母定向绕其分布,形成眼球状构造,长轴与片麻理平行,内部包含石英、黑云母残留体,这些包含颗粒无明显的方向性,而基质中这些矿物均明显定向排列,变质作用发生在早期变形作用之前;杂乱生长,反映了变质矿物的形成与相应的变形作用有着密切的关系。由此表明,锡林郭勒杂岩经历了长期的多期热动力变质事件的影响。

1)形成年代分析

"锡林郭勒杂岩"由河北省区域地质测量大队于 1958 年命名,系指锡林浩特以东达青牧场一带的变质岩系,长期以来时代归属不明且缺乏详细工作,存在以下多种认识。

很大一部分学者认为它属于古老的地体,时代可能为新太古代或古元古代(内蒙古自治区地质矿产局,1991;邵济安,1991;张臣等,1998;徐备等(1996)、郝旭等(1997)、朱永峰等(2004)认为其原岩形成于中、新元古代,变质作用发生在新元古代末期(郝旭等,1997)或早古生代后期(朱永峰等,2004)。

近年来,由于出现了新的、更加科学可信的同位素测年方法,一些学者对锡林郭勒杂岩进行了年代学研究,认为其属于古生代的地体;唐克东(1991)认为锡林郭勒杂岩是华北克拉通板块北缘古生代花岗-变质岩的一部分;施光海等(2003)认为锡林郭勒杂岩中黑云斜长片麻岩的物源为中酸性岩浆岩和碎屑岩类,其沉积成岩下限年龄由岩石中岩浆锆石 SHRIMP U-Pb 年龄限定为 437±3Ma(早志留世),其上限由侵入于其内的石榴石花岗岩中岩浆锆石 SHRIMP U-Pb 年龄限定为 316±3Ma(晚石炭世初期),认为该杂岩的沉积成岩年龄晚于晚奥陶世—早志留世;薛怀民等(2009)认为锡林郭勒杂岩是海西早期岩浆作用、沉积作用和变质作用事件的产物,该杂岩中副片麻岩中的锆石多为岩浆锆石,其年龄为 406±7Ma(早泥盆世),指示它们的原岩主要是由同期(略早些)的岩浆岩风化后就近沉积的产物,该年龄应代表源区花岗岩的形成时间,同时也是副片麻岩原岩沉积的下限年龄,正片麻岩中岩浆锆石的 U-Pb 年龄为 382±2Ma(晚泥盆世),代表花岗片麻岩原岩的侵位年龄,岩石中锆石的变质增生边的形成年龄为 337±6Ma(早石炭世),代表锡林郭勒杂岩发生变质和变形的时间,该变质事件可能与贺根山缝合带内所发生的一次主要的碰撞造山作用有关;王善辉等

(2012)对锡林浩特杂岩中斜长角闪岩进行了 SHRIMP 锆石 U-Pb 测年和 LA-MC-ICPMS 锆石 Hf 同位素组成分析,给出了锆石 SHRIMP U-Pb 的加权平均年龄为 316±4Ma(晚石炭世早期),该年龄代表斜长角闪岩的原岩形成年龄,表明锡林浩特杂岩不是前寒武纪地质体,可能是一套经历强变形与变质作用的晚古生代火山-沉积建造。

2) 成因分析

该套变质杂岩位于贺根山-扎兰屯向北俯冲带与满都拉-达青牧场向北俯冲带之间,属于新元古代—早石炭世俯冲增生楔范围。

根据施光海等(2003)对锡林郭勒杂岩中的不同岩石测得的锆石 SHRIMP U-Pb 同位素年龄结果分析,该杂岩为晚奥陶世—早石炭世古亚洲洋之中形成的火山-沉积岩,在贺根山-扎兰屯俯冲带向北多次俯冲作用下,于弧前形成增生的构造混杂岩,在晚石炭世—早二叠世经历了上覆沉积沉降,早二叠世末期满都拉—达青牧场一带形成向北的俯冲带,中二叠世—中三叠世由增生楔转化为岛弧,该套增生杂岩高温变质,形成混杂片麻岩,局部地段熔融混合岩化,形成混合岩及混合花岗岩;在中三叠世中晚期造山过程中遭受挤压变形变质最终形成该变质杂岩体。

2. 中元古代洋壳

锡林浩特市东(略偏北)120km 处,在锡林郭勒杂岩之中出现中元古代可能为洋壳性质的斜长角闪岩"透镜体",斜长角闪岩 Sm-Nd 等时线年龄值为 1202±65Ma(朱永峰等,2004)。斜长角闪岩主要由斜长石和角闪石组成,副矿物有石英、钛铁矿、榍石、绿泥石、绿帘石以及磁铁矿,角闪石的边缘和裂隙处常被绿泥石和绿帘石交代,角闪石含斜长石和钛铁矿包体,在角闪岩中钾长石与石英、磁铁矿以及绿泥石共生,它们的形成晚于角闪石,属于退变质作用的产物。角闪岩的 $\varepsilon_{Nd}(t)$ 值高(>6.4),且 $^{87}Sr/^{86}Sr$ 初始比值较低,与 MORB 类似,其原岩应该是铁镁质岩浆岩,因此确定斜长角闪岩的原岩来自亏损地幔(朱永峰等,2004),是洋中脊玄武源区的产物。

三、达青牧场俯冲带

达青牧场俯冲带位于锡林浩特岩浆弧与林西残余盆地之间,总体走向北东,宽度小于 10km,长度大于 800km。

(一)满都拉-达青牧场俯冲碰撞效应

达青牧场俯冲带北侧出露大量的早-中二叠世—中二叠世 TTG 组合侵入岩和岛弧性质的火山岩(表 4-1)。反映出早二叠世晚期—中二叠世早期存在大规模的俯冲活动。

在锡林浩特岩浆弧内广泛分布中二叠世大石寨组(P_2ds)中酸性火山岩,其岩性为蚀变安山岩、英安岩、流纹岩及其凝灰岩,组成玄武岩-安山岩-流纹岩组合。钙碱系列,岩石化学显示岛弧环境。

在达青牧场-扎赉特旗俯冲带以北西,斜穿锡林浩特岩浆弧、东乌珠穆沁旗-多宝山岛弧和海拉尔-呼玛弧后盆地,广泛分布俯冲期岩浆杂岩,呈岩基、岩株状北北东向展布,岩性有石英闪长岩、花岗闪长岩、奥长花岗岩和少量闪长岩,组成 TTG 组合。钙碱系列,岩石化学显示岛弧-大陆弧特征,为俯冲期岩浆杂岩。

在锡林浩特微地块南部边缘莫斯托山有中二叠世二长花岗岩、二云母二长花岗岩和白云母二长花岗岩,属含白云母壳源淡色 S 型花岗岩,为同碰撞强过铝质花岗岩组合。

在锡林浩特岩浆弧东南部边缘艾根乌苏出露有中二叠世黑云母花岗岩和正长花岗岩,属高钾钙碱系列和钾玄岩系列,为高钾和碱玄岩质花岗岩组合,局部含白云母 0~10%,为同碰撞过铝质花岗岩组合。

(二)达青牧场俯冲增生杂岩特征

在达青牧场俯冲带之中出露俯冲增生杂岩,包括达青牧场蛇绿混杂岩、阿他山超基性岩、新生牧场超基性岩和乌兰吐超基性岩。

1. 达青牧场蛇绿混杂岩

达青牧场蛇绿混杂岩在原 1:20 万区域地质调查资料中划为上石炭统本巴图组和阿木山组,经野外实地调查发现该地带为构造混杂岩带,呈北东东向展布,宽度大于 500m,长度大于 30km,由不同岩石混杂在一起,岩性由深灰色—灰绿色的砂板岩、紫色硅质岩、墨绿色玄武岩、灰色变质凝灰岩、礁灰岩等组成,其中砂板岩被强烈构造片理化,灰岩块体层大小不一的构造透镜体夹在片理化岩石之中,在构造片理化岩石之中发育石棉脉体,宽 15cm,长 50cm,石棉纤维平行片理。挤压片理主体产状北西倾,倾角呈舒缓波状,陡缓不一,在片理化面上发育强烈的擦痕阶步,擦痕线理倾伏向 300°±,反映出发育北西-南东向逆冲作用。片理化火山岩同位素年龄为 315~318Ma,为晚石炭世早期(李锦轶,2012)。

2. 阿他山超基性岩

阿他山超基性岩为二辉岩,1:5 万区域地质调查资料还有蛇纹石化橄榄岩,产于中二叠统大石寨组(P_2ds)内。乌兰吐超基性岩其核心部位为蛇纹石化纯橄榄岩,向外依次为辉石橄榄岩(多变为透闪石岩)、辉长岩和斜长角闪岩。在纯橄榄岩内有致密块状、浸染状铬铁矿。

3. 新生牧场超基性岩

新生牧场超基性岩有 3 个岩体,面积分别为 0.05km²、1km² 和 1.5km²,岩石类型主要为蛇纹岩、蛇纹石化辉石岩、蛇纹石化橄榄岩和蚀变辉绿岩,含铬铁矿。各岩体与围岩接触部位皆被风成砂掩盖,与围岩关系不清,时代不确定。

4. 乌兰吐超基性岩

乌兰吐超基性岩是长 3km、宽 2km 的不规则状岩体,"侵入于中二叠统哲斯组(P_2zs)砂板岩,被晚二叠世花岗岩侵入,呈残留体出露(据1:20万区域地质调查资料)。岩体水平分带明显,核心部分为条带状纯橄榄岩,向外依次为辉石橄榄岩(多转为透闪片岩)、辉长岩、斜长角闪岩和角闪斜长片岩。其中辉石橄榄岩分布最广"。纯橄榄岩内有致密块状和浸染状铬铁矿。该超基性岩"侵入于中二叠统哲斯组(P_2zs)砂板岩"没有阐明充分证据,由于受当时认识的限制,不排除构造侵位的可能。

四、西拉木伦俯冲带

西拉木伦俯冲带位于温都尔庙弧盆系与林西残余盆地之间索伦至西拉木伦河一带,近东西向展布,宽度一般小于10km,长度大于800km,其与吉林省头道沟-采秀洞蛇绿构造混杂岩带连接,构成向北东凸出的弧状。西拉木伦俯冲带与达青牧场俯冲带一南一北遥相呼应,皆属索伦-扎鲁特旗结合带的组成部分。

(一)西拉木伦俯冲效应

西拉木伦俯冲带南侧出露大量的早-中二叠世—中二叠世TTG组合侵入岩和岛弧性质的火山岩(P_2e;表4-1)。反映出早二叠世晚期—中二叠世早期存在大规模的俯冲活动。

在西拉木伦俯冲带南侧温都尔庙岩浆弧内出露中二叠世额里图组(P_2e),由玄武岩、安山玄武岩、安山岩和英安质火山碎屑岩组成,属亚碱系列陆缘火山弧。

在温都尔庙岩浆弧的东部广泛出露中二叠世(P_2)TTG组合,岩性为角闪闪长岩、石英闪长岩、英云闪长岩、奥长花岗岩、花岗闪长岩和二长花岗岩等,属钙碱系列和高钾钙碱系列,构成TTG组合,岩石化学显示岛弧-大陆弧-大陆碰撞环境。

(二)西拉木伦俯冲增生杂岩特征

在西拉木伦俯冲带之中出露俯冲增生杂岩,包括索伦蛇绿混杂岩、柯单山蛇绿混杂岩、小苇塘蛇绿混杂岩和九井子蛇绿混杂岩。

1. 索伦蛇绿混杂岩

索伦蛇绿混杂岩出露在西拉木伦俯冲带西端,主要由早二叠世蛇绿岩残片与上石炭统本巴图组(C_2bb)滨海相砂泥岩组合、下二叠统三面井组(P_1sm)海陆交互相砂砾岩-粉砂岩泥岩组合以及早二叠世侵入岩构成混杂岩,呈大小不等、形态各异的岩块状。蛇绿岩为变质橄榄岩、橄榄辉长岩、辉长岩、枕状玄武岩、凝灰岩、硅质岩等。

2. 柯单山蛇绿混杂岩

柯单山蛇绿岩多呈条块状展布于片理化构造混杂岩{原划为包尔汉图群(O_2br),此次研究归为西别河组[($S_3—D_1$)x]}之中,构成蛇绿混杂岩。蛇绿岩岩石类型以橄榄岩、斜方辉石橄榄岩、蛇纹岩、辉石岩和枕状玄武岩为主,夹豆荚状铬铁矿及硅质岩。橄榄石主要由蛇纹石和橄榄石残晶组成,为具明显交代作用的变质橄榄岩。

3. 小苇塘蛇绿混杂岩

小苇塘蛇绿岩呈长条状、透镜状分布于任家营子南小苇塘等地的西别河组[($S_3—D_1$)x]之中,与围岩呈断层接触,并一起构成蛇绿混杂岩。蛇绿岩岩石类型有蚀变橄榄岩、方辉橄榄石、辉石岩、辉长岩、辉绿岩、蚀变玄武岩及含放射虫的硅质岩,橄榄岩(蛇纹岩)由蚀变蛇纹石组成,较大蛇纹石内仍保留橄榄石及辉石假象,为变质橄榄岩。硅质岩中含放射虫,其时代为石炭纪—二叠纪(王友等,1999)。更接近早二叠世。蚀变玄武岩锆石U-Pb年龄为344.6Ma,说明该区蛇绿岩形成于晚古生代晚期。

4. 九井子蛇绿混杂岩

九井子蛇绿混杂岩由蛇绿岩残片与上石炭统本巴图组(C_2bb)砂泥岩组合混杂在一起形成蛇绿混杂岩,蛇绿岩包括蛇纹石化纯橄榄岩、斜方辉橄岩、辉石岩、辉长岩和辉长辉绿岩等,橄榄石全部变为蛇纹石。

需要指出的是,柯单山、杏树洼的超基性岩与围岩接触关系是在1971年完成的1:20万区域地质调查报告中确定为侵入接触(当时尚无构造侵位的概念),后经1:5万区域地质调查实地勘查,更正与周边均为断层接触。

五、温都尔庙-套苏沟俯冲带

在敖仑尚达-翁牛特旗岩浆弧与镶黄旗至初头朗岩浆弧之间为温都尔庙-套苏沟俯冲增生杂岩带,该俯冲带出露有中元古代陆缘裂谷-洋壳性质的桑达来呼都格组(Pt_2s)、哈尔哈达组(Pt_2h)以及基性—超基性岩,反映出其最早可能是形成于中元古代的小洋盆。洋壳分别在新元古代早期、奥陶纪早期、中泥盆世晚期和晚石炭世早期向华北陆块区之下俯冲活动。

该俯冲带与贺根山-扎兰屯俯冲带一南一北遥相呼应,在俯冲(岩浆)效应的研究上有一定的可比性。

(一)温都尔庙-套苏沟俯冲效应

温都尔庙-套苏沟俯冲带南侧分别在新元古代、早奥陶世早期、晚泥盆世和晚石炭世喷发或侵入了岛弧-陆缘弧性质的火山岩和侵入岩(表4-1),反映出俯冲带在新元古代早期、中泥盆世晚期和晚石炭世早期的俯冲活动。

1. 俯冲带在新元古代早期向华北陆块区之下俯冲

于镶黄旗-敖汉旗陆缘弧西部和华北陆块区西部出露新元古代俯冲期岩浆杂岩,岩性为闪长岩和英云闪长岩等,为大洋俯冲陆缘弧环境中形成的类TTG组合。

2. 俯冲带在早奥陶世早期向华北陆块区之下俯冲

在镶黄旗-敖汉旗陆缘弧中出露中晚奥陶世俯冲期岩浆杂岩,岩性为石英闪长岩和英云

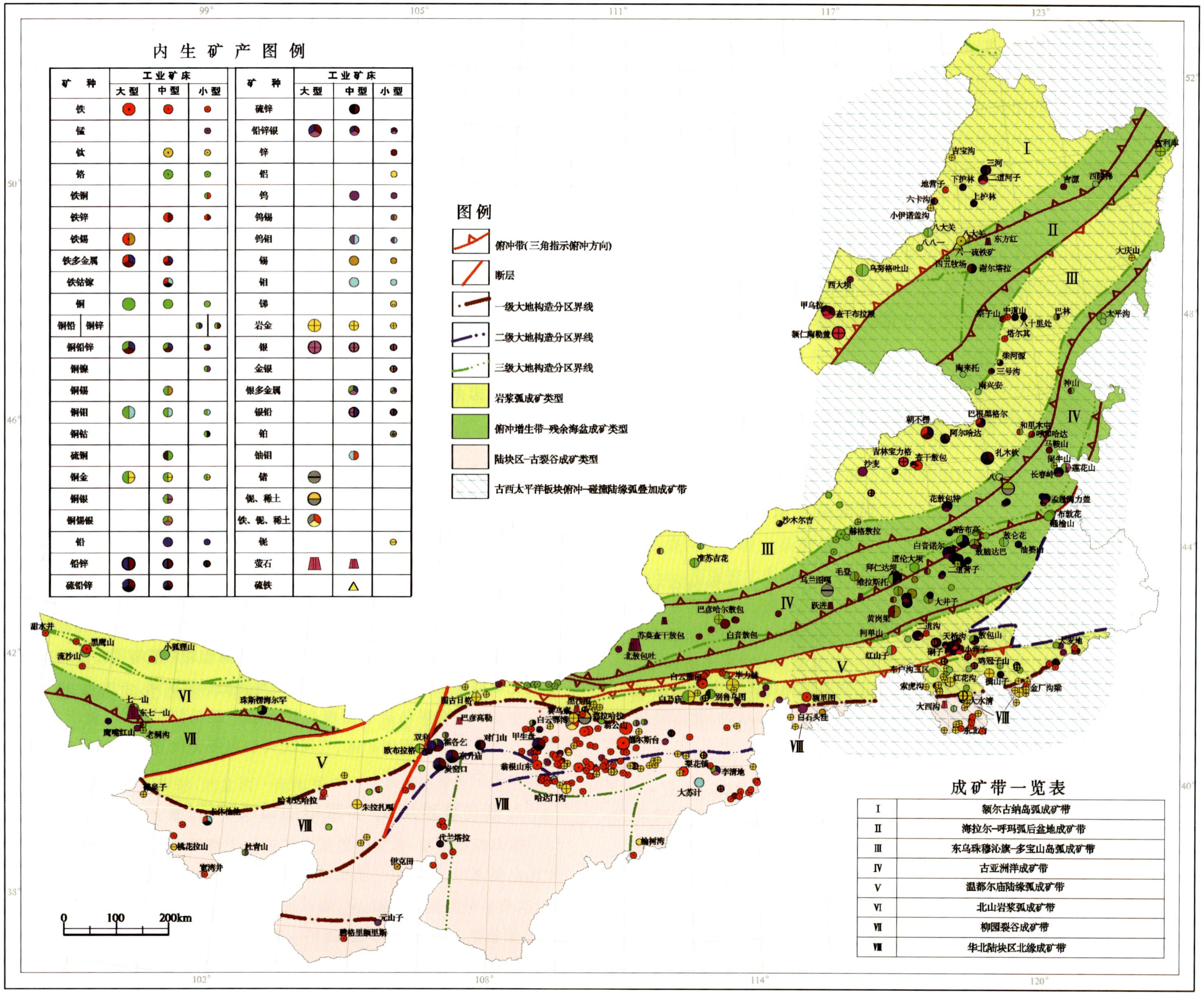

图 5-1 内蒙古成矿带划分图

大型矿床为朝不楞矽卡岩型铁多金属矿床。

中型矿床包括准苏吉花斑岩型铜钼矿(早二叠世早期;刘翼飞等,2012)、沙麦热液石英脉型钨矿(北西走向;晚三叠世早期;聂凤军等,2010)、吉林宝利格热液脉型银矿(走向北东东、北北东)、查干敖包矽卡岩型铁(锌)矿(中三叠世;张万益等,2008)、阿尔哈达热液脉型硫铅锌矿(北西西走向)和巴根黑格尔铁多金属矿床。

3. 温都尔庙陆缘弧成矿带(Ⅴ)

温都尔庙陆缘弧成矿带位于哈日博日格弧盆系和温都尔庙弧盆系之中,近东西向展布,宽50~170km,长大于1900km。主体为陆缘弧环境矿床,同时又包含有前南华纪基底性质的金矿床、铁矿床,还包含有石炭纪海底喷流型矿床(如镶黄旗-敖汉旗陆缘弧之中的别鲁乌图硫铜矿床)。主要矿种为铅、锌、银、铜、钨、钼、铁和金,次要矿种为硫、萤石和锰。现已发现大型矿床2处(铜金矿床1处、金矿床1处),中型矿床14处(硫铜矿床1处、铁矿床2处、金矿床3处、铜钼矿床1处、铜金矿床1处、铀钼矿床1处、铅锌矿床2处、铅锌银矿2处和铅铜矿床1处),小型矿床57处(金矿床17处、金银矿床3处、铜矿床5处、钼矿床1处、铜钼矿床2处、铁矿床9处、银矿床3处、钨矿床6处、铅锌银矿4处、铅锌矿4处、铁锌矿床1处、锰矿床1处和萤石矿床1处)。

大型矿床为白乃庙斑岩型铜金矿和毕力赫斑岩型金矿。

中型矿床包括欧布拉格热液充填交代型铜金矿床(早中二叠世)、白云敖包沉积变质型铁矿、别鲁乌图海底喷流型火山-沉积型硫铜矿、额里图矽卡岩型铁矿、红山子火山岩型铀钼矿、二道沟热液充填交代型铅锌矿(北西走向)、硐子热液充填交代型铅锌矿、天桥沟热液充填交代型铅锌银矿、小营子热液充填交代型铅锌银矿、敖包山热液充填交代型铜铅锌矿、车户沟斑岩型铜钼矿、红花沟低温热液型金矿、撰山子低温热液型金矿和图古日格金矿床。

4. 北山岩浆弧成矿带(Ⅵ)

北山岩浆弧成矿带主体位于北山弧盆系之中及南侧边缘,主体为岩浆弧性质,北西西—近东西向展布,宽大于130km,长大于400km。该带成矿类型以裂隙热液充填型为主。主要矿种为钨、钼、铜、铅、锌、铁和萤石,次要矿种为金。现已发现大型矿床1处(萤石矿),中型矿床5处(钼矿2处、铁矿1处、钨钼矿1处和铜铅锌矿1处),小型矿床8处(钨矿2处、铁铜矿1处、铁矿4处和金矿1处)。

大型矿床为东七一山中低温热液交代充填型萤石矿(赵省民等,2002)。

中型矿床包括黑鹰山岩浆热液型铁矿(石炭系白山组含铁火山岩层)、流沙山斑岩型叠加热液型钼矿、小狐狸山斑岩型钼矿(晚三叠世早期;彭振安,2010)、七一山钨钼矿和珠斯楞海尔罕热液型铜铅锌矿。

(二)俯冲增生带-残余海盆型成矿带特征

1. 海拉尔-呼玛弧后盆地成矿带(Ⅱ)

海拉尔-呼玛弧后盆地成矿带位于额尔古纳岛弧与东乌珠穆沁旗-多宝山岛弧之间的海拉尔-呼玛弧后盆地之中,该地带在中元古代至早石炭世曾为弧后小洋盆。呈北东向展布,宽大于100km,长大于500km。矿种主要为铁、锌、硫、钛、金、钼、铜和萤石等。现已发现中型矿床4处(铁锌矿1处、硫铁矿1处、钛矿1处和金矿1处),小型矿床4处(铜金矿1处、铁矿1处、钼矿1处、萤石矿1处)。

中型矿床为谢尔塔拉海相火山岩海底喷流型铁锌矿、六一海底喷流型硫铁矿、八大关钛砂矿和古利库次火山低温热液脉型金矿(走向北东)。

2. 古亚洲洋成矿带(Ⅳ)

古亚洲洋成矿带位于东乌珠穆沁旗-多宝山岛弧与敖仑尚达-翁牛特旗岩浆弧之间地带,曾为古亚洲洋主体发育位置。呈北东东—北东向展布,宽大于120~220km,长大于1300km。该带成矿类型以海底火山-沉积喷流型为主,同时又包含有残留地块型、碰撞裂隙热液充填型以及后造山伸展期岩浆岩型等成矿类型。主要矿种为铜、铅、锌、银、铁、硫、铬、锡、稀土和萤石等,次要矿种为金、钼、钨。现已发现大型矿床8处(萤石矿1处、锗矿1处、铅锌银矿2处、铁锡矿1处、铜铅锌矿1处、硫铅锌矿1处和稀土矿1处),中型矿床22处(金矿1处、铁矿1处、铜锡矿3处、锡矿1处、铬矿1处、铜铅矿1处、铜矿3处、铜钼矿2处、铅锌银矿5处、铅锌矿2处、铜锡矿1处、铜银矿1处),小型矿床47处(锰矿1处、铜金矿2处、铜矿4处、铁矿6处、铬矿9处、钨锡矿2处、铅锌矿6处、铅锌银矿6处、银多金属矿1处、锡矿1处、金矿1处、铜金矿2处、铁铜矿2处、钼1处、萤石矿4处)。

大型矿床包括苏莫查干敖包海底喷流型叠加热液裂隙充填型萤石矿床(早二叠世晚期;聂凤军,2009)、乌兰图嘎沉积型锗矿(下白垩统含锗煤层)、黄岗梁海底喷流-矽卡岩型铁锡矿(王长明等,2007)、拜仁达坝热液充填交代型铅锌银矿、白音诺尔海底喷流-矽卡岩型铅锌银矿(曾庆栋等,2007)、浩布高海底喷流-矽卡岩型铜铅锌矿、扎木钦层状(海底喷流型?)硫铅锌矿和八〇一岩浆晚期(碱性花岗岩)型铌稀土矿。

中型矿床包括巴彦哈尔敖包复合内生型金矿、白音敖包火山沉积变质型铁矿、毛登热液型铜锡矿、赫格敖拉俯冲带残余洋壳型铬矿、花敖包特海底喷流型叠加热液裂隙充填型铅锌银矿床(李政等,2007)、维拉斯托热液充填交代型铜锡矿、大井子海底喷流型铜锡矿(王长明,2010)、敖瑙达巴潜火山-斑岩型银多金属矿、敖仑花斑岩型铜钼矿床、太平沟斑岩型铜钼矿床、孟恩套勒盖热液裂隙充填型铅锌银矿、莲花山矽卡岩型铜银矿、布敦花热液裂隙充填型铜矿等。

第六章

内蒙古大地构造演化史

大地构造演化是指大陆伸展裂谷成洋、会聚俯冲成弧、碰撞造山成陆的地壳发展过程，具有阶段性和周期性特点。由一个超级大陆裂解、离散、汇聚、碰撞形成新的超级大陆地质过程称为一个大地构造演化巨旋回，每个巨旋回可能包含一个或多个旋回。旋回是一个巨旋回之中次一级较大规模洋陆演化过程，每个旋回亦可以包括一个或几个亚旋回。亚旋回是指从大洋俯冲开始、到碰撞伸展结束之过程，每个亚旋回可以包含大洋俯冲、同碰撞、后碰撞、陆缘裂谷、后造山(陆内裂谷)和稳定陆块(或大洋增生)等阶段，由于不同地区保留的地质信息不同，每一个亚旋回可以出现一个或多个阶段。

内蒙古东部经历了前南华纪古陆壳和古亚洲洋的形成、南华纪至中三叠世古亚洲洋收缩俯冲、消亡成陆和晚三叠世以来陆内演化(或古太平洋俯冲造成中国东部造山-裂谷系)等3个大地构造演化巨旋回。

第一节 前南华纪古弧盆系-陆核形成发展阶段

前南华纪巨旋回经历了太古宙—古元古代古弧盆系演化-陆核形成阶段和中元古代—新元古代早期裂谷-大洋扩张阶段。

一、太古宙—古元古代古弧盆系-陆核形成发展阶段

目前已知内蒙古地域内出露最古老的变质基底岩系为古太古代兴和岩群[王惠初(2001)将其归入新太古代集宁岩群上部]。岩性为紫苏斜长麻粒岩、紫苏黑云斜长麻粒岩、辉石斜长片麻岩、斜长角闪岩、混合花岗岩、磁铁石英岩等，是一套层状特征不明显的暗色岩系。据原岩恢复，其原岩组合为拉斑玄武岩、钙碱性火山岩及其火山碎屑岩。由此可知，古太古代时期，尚未具有成熟度较高的地壳出现。兴和岩群是上地幔部分熔融上涌冷凝形成片麻岩穹隆式的初始陆壳。该陆核在内蒙古已有相当的规模，东从兴和县开始，向西可断续延伸扩展至包头、固阳一带，向南向东可延至山西省、河北省境内。

中太古代，从发育的集宁岩群的矽线榴石片麻岩、矽线榴石长石石英岩、浅粒岩、大理岩的互层出现孔兹岩系，说明当时已有成熟度较高的陆源碎屑岩从大陆剥蚀搬运到海洋中沉积了。

分布于内蒙古中西部乌拉山、狼山、雅布赖山一带的中太古代乌拉山岩群、迭布斯格岩群和贺兰山地区的哈布其组、察干郭勒组则是一套矽线榴石片麻岩、黑云角闪斜长片麻岩、浅粒岩、变粒岩、大理岩等中基性火山岩、火山碎屑岩、正常碎屑沉积岩，表明中太古代陆源碎屑沉积和火山岩的沉积范围已相当广泛。初始陆核已得到很大规模的快速增生扩大。

值得注意的是，上述乌拉山岩群、集宁岩群、哈布其盖组、察干郭勒组，近年来 SHRIMP 锆石 U-Pb 精确定年，认为这套孔兹岩系形成于古元古代，而不是以往认为的太古宙(吴昌华，2006，2007；董春艳，2007)，这一认识突破了以往以地质体变质作用深浅判定地质时代新老的传统观念，同时也改写了华北克拉通古老块(陆核)形成的演化历史，有待今后地质工作的深入开展，获得更多的地质资料加以证实。

新太古代时期，在陆块的边缘已有古大洋的存在，由于大洋板块向陆壳之下俯冲、消减，在大陆靠海的一侧产生沟、弧、盆体系，展布于色尔腾山至太仆寺旗一带的色尔腾山岩群中基性、中酸性火山岩、岛弧沉积和硅铁质 BIF 建造就是这一时期的产物，并有碳酸盐岩组成的弧后盆地沉积。同时还发育有俯冲岩浆杂岩英云闪长岩、石英闪长岩、二长花岗岩、花岗岩岩石组合。色尔腾山岩群及侵入岩组成的增生陆壳向北可扩展到白云鄂博一带。向西在龙首山、迭布斯格一带的增生陆壳，主要是岛弧和弧后盆地沉积。由阿拉善岩群的蓝晶十字石榴云母片岩、黑云石英片岩、二云母石英片岩、黑云石英角闪片岩、碳酸盐岩、变粒岩、含铁石英岩岩石组合组成。

古元古代经历了一段相对稳定的地质历史时期，在增生的大陆边缘沉积了一套巨厚的陆缘碎屑沉积建造。即以古元古代宝音图群为代表的石英岩、十字蓝晶石榴云母片岩、大理岩等，仅局部见有少量火山岩夹层。

二、中元古代至新元古代早期(青白口纪)裂谷-大洋扩张阶段

中元古代,古老结晶基底开始分裂,根据俯冲带之中出露的中元古界桑达来呼都格组、哈尔哈达组和蛇绿岩等残余洋壳岩石可以推测出古亚洲洋既形成于这一时期或者在这一时期进一步扩展,同时形成的还有古亚洲洋北侧的海拉尔小洋盆和南侧的华北陆块区北侧小洋盆。

在华北陆块区北缘,产生了近东西向和北东东向的陆缘裂谷。裂谷从西部迭布斯格,向东经狼山、渣尔泰山、白云鄂博、四子王旗,一直延伸至化德县一带,东西长1000余千米。裂谷可分为南北两支,南部裂谷由渣尔泰山群组成,西起迭布斯格,向东经狼山至渣尔泰山固阳一带终结;北支由白云鄂博起,向东经四子王旗至化德县一带,由白云鄂博群组成。裂谷内沉积了一套巨厚的以碎屑岩、碳酸盐岩和碳质板岩为主的白云鄂博群和渣尔泰山群,有少量中酸性变质火山岩夹层。裂谷内尚有双峰式裂谷岩浆杂岩层状基性侵入体和基性岩墙群(1760~1785Ma)侵入。裂谷内形成了白云鄂博群内的铁、铌、稀土矿产和渣尔泰山群内的铜多金属矿产。

在贺兰山一带,有中元古代西勒图组石英砂岩、王全口群白云质灰岩沉积岩组合,呈南北向展布,它们也应属于同期裂谷盆地的沉积环境,与近东西向展布的狼山-白云鄂博裂谷呈三叉裂谷式的一支出现。

第二节 南华纪—中三叠世古亚洲洋洋陆演化

南华纪—中三叠世巨旋回为古亚洲洋由洋到陆演化时期,期间经历了多旋回和多亚旋回俯冲碰撞-扩张之过程,直至最终俯冲碰撞完全成陆。其包括早期发展阶段(南华纪—早石炭世旋回)和晚期发展阶段(晚石炭世—中三叠世旋回)。

根据不同地域、不同地质时代发育的建造构造特征所反映出的大地构造环境,结合古地磁研究成果(图6-1),推演出古亚洲洋演化剖面(和古纬度变迁)示意图(图6-2)。

一、南华纪—早石炭世"早期古亚洲洋"演化

南华纪—早石炭世构造旋回为古亚洲洋早期发展阶段,经历了古亚洲洋第一次由大洋到初级大陆的演化,包括3个亚旋回,分别为南华纪—寒武纪亚旋回、奥陶纪—中泥盆世亚旋回和晚泥盆世—早石炭世亚旋回。

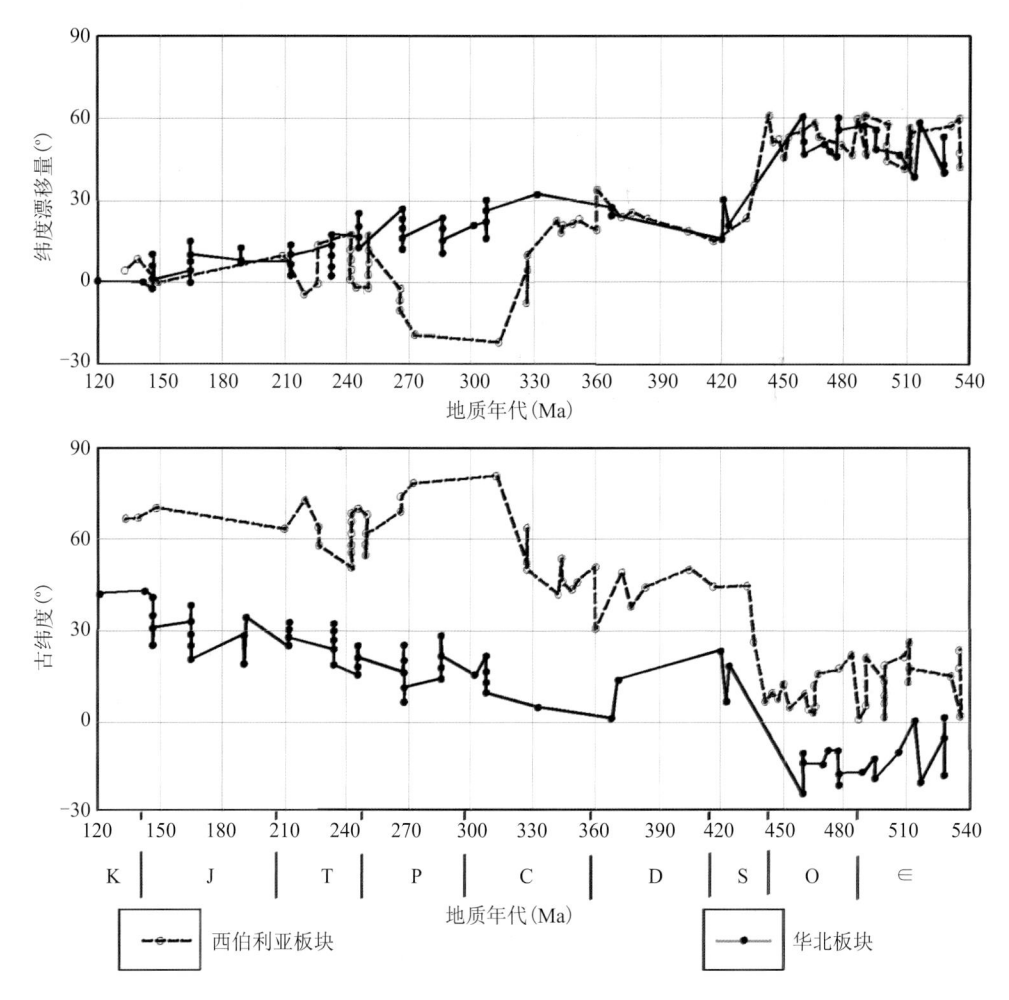

图6-1 华北板块与西伯利亚板块纬度运移量(上图)和古纬度(下图)演化曲线图
(据李朋武等,2006)

K.白垩纪;J.侏罗纪;T.三叠纪;P.二叠纪;C.石炭纪;D.泥盆纪;S.志留纪;O.奥陶纪;∈.寒武纪

(一)南华纪—寒武纪亚旋回

南华纪—寒武纪亚旋回经历了早期阶段(南华纪—震旦纪)古大洋俯冲环境和晚期阶段(寒武纪)陆缘裂谷环境。

1. 新元古代古大洋俯冲阶段

新元古代早期,古亚洲洋在贺根山—扎兰屯一带向北西俯冲消减,同时北面的海拉尔小洋盆洋壳亦向北西俯冲、南面的华北陆块区北侧小洋盆洋壳则向南俯冲,造成俯冲带上盘在新元古代中晚期成为岛弧。

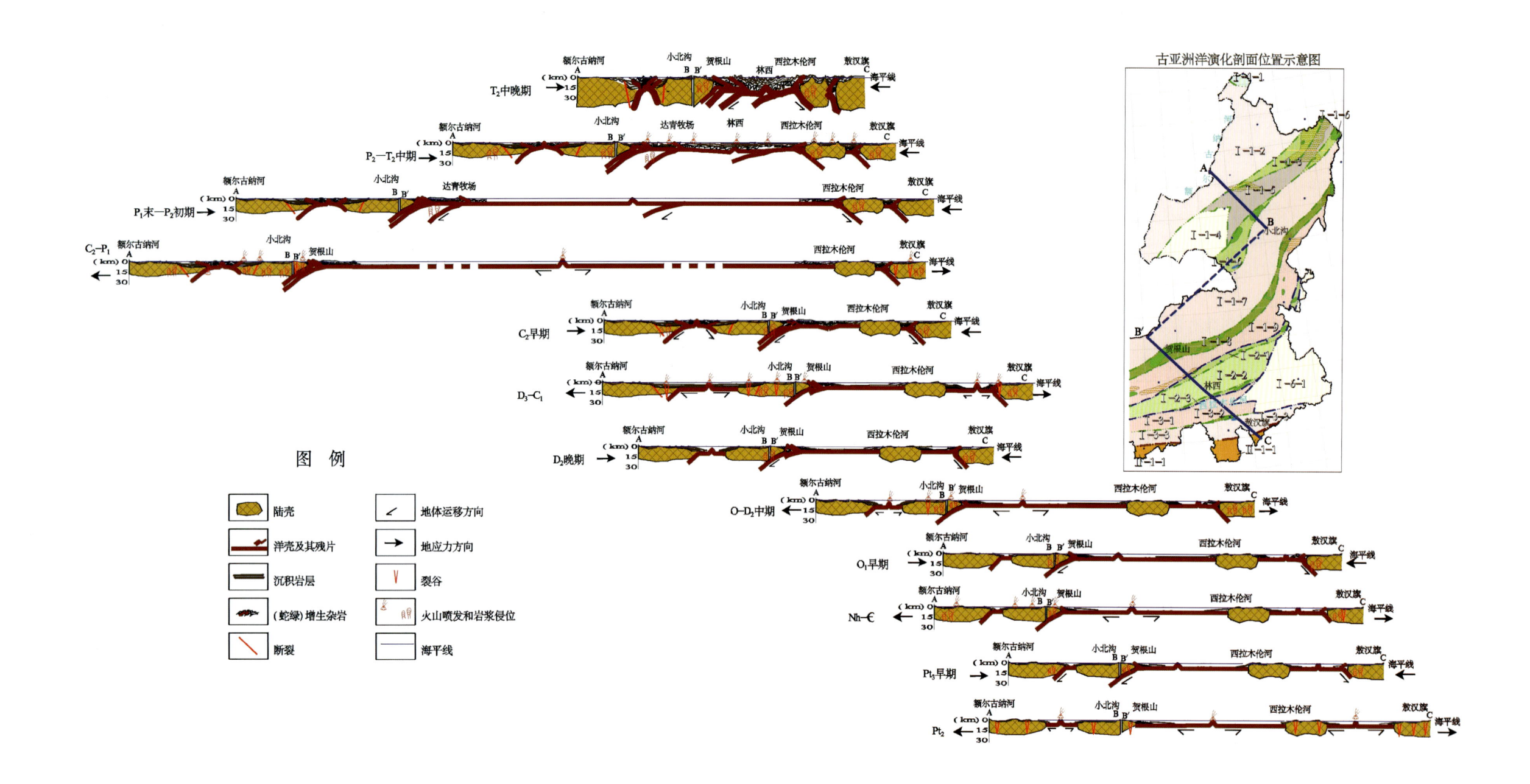

图 6-2 额尔古纳河-敖汉旗古亚洲洋演化剖面示意图

(1)古亚洲洋在贺根山—扎兰屯一带向北西俯冲,在乌珠穆沁旗-多宝山岛弧及海拉尔-呼玛弧后盆地之中发育了岛弧-陆缘弧-弧后盆地,沉积(以及喷发)了佳疙瘩组(Nhj)、额尔古纳河组(Ze)、吉祥沟组(Zj)和大网子组(Zd)等滨浅海相陆源碎屑岩-碳酸盐岩-岛弧环境火山沉积建造。侵入了岛弧环境TTG组合,岩性包括石英二长闪长岩、奥长花岗岩、二长花岗岩,分别侵入古元古代兴华渡口群和新元古代南华纪变质岩,在扎兰屯幅石英二长闪长岩获U-Pb同位素年龄为1048±443Ma。岩石化学分析为钙碱-高钾钙碱-钾玄岩系列、亚碱性系列、S型花岗岩,没有出现原生强过铝矿物,An-Ab-Or图解为T_2-G_2组合,判断环境为大洋俯冲岛弧-陆缘弧环境。

(2)海拉尔小洋盆在哈达图—新林一带向北西俯冲,在额尔古纳岛弧之中发育了岛弧-陆缘弧-弧背盆地,沉积(以及喷发)了佳疙瘩组(Nhj)、额尔古纳河组(Ze)、吉祥沟组(Zj)和大网子组(Zd)等滨浅海相陆源碎屑岩-碳酸盐岩-岛弧环境火山沉积建造。侵入了新元古代岛弧环境中基性岩+GG组合侵入岩,中基性岩石有辉长岩、闪长岩、石英闪长岩和石英二长闪长岩,构成辉长-闪长岩组合;GG组合有花岗岩、花岗闪长岩、二长花岗岩和正长花岗岩,另有少量石英正长岩、黑云母正长岩及角闪正长岩。它们侵入古元古代兴华渡口群和南华纪佳疙瘩组,被后期侵入岩侵入。正长花岗岩U-Pb同位素年龄为863±15Ma和654±46Ma(新元古代)。岩石内普遍含闪长质包裹体,且黑云母、角闪石英含量较高,为壳幔混合源。根据岩化分析,皆为钙碱系列、中基性岩以中钾-高钾钙碱系列为主,酸碱性岩为高钾钙碱系列-钾玄岩系列,酸性岩在An-Ab-Or图解中投入G_1和G_2区,中基性—酸碱性侵入岩显示出洋俯冲演化过程,中基性侵入岩为俯冲期产物,酸碱性侵入岩为俯冲成熟后期产物。

(3)华北陆块区北侧小洋盆在新元古代早期向南俯冲造成的俯冲效应很少,只有温都尔庙-套苏沟俯冲带西部南侧出露的TTG组合侵入岩,岩性包括闪长岩、英云闪长岩、斑状英云闪长岩等。

2. 寒武纪陆缘裂谷阶段

在大兴安岭弧盆系中北部出露活动大陆边缘性质的火山-沉积建造,在华北陆块区及北缘出露了滨浅海相泥岩-碳酸盐岩建造。

(1)在阿尔山市伊尔施镇发育了下寒武统苏中组($\epsilon_1 sz$)浅海相碳酸盐岩夹细碎屑岩建造,岩性为一套灰色、灰白色蜂窝状结晶灰岩、厚层状灰岩夹黑色页板岩薄层。

(2)在海拉尔-呼玛弧后盆地之中的松岭区变质增生杂岩楔中,主要岩石类型为变粒岩、浅粒岩、斜长角闪岩、绿泥石英斜长片岩、含石榴子石斜长片岩和云母斜长片岩等,原岩为含中酸性火山岩的陆源碎屑沉积-基性火山岩建造,其中变火成岩类锆石SHRIMP U-Pb 年龄为(506±10)~(547±46)Ma,属早寒武世—中寒武世,变碎屑岩中碎屑锆石年龄谱中出现大量的1.2~1.0Ga、1.8~1.6Ga和2.6~2.5Ga的年龄,说明其成岩时代至少小于1.0Ga;代表寒武纪或新元古界活动大陆边缘的火山-沉积建造(苗来成等,2007)。松岭区变质增生杂岩楔为海拉尔-呼玛弧间小洋盆消亡的残留体。

(3)在贺根山-扎兰屯俯冲带之上出露了扎兰屯变质增生杂岩楔,由绢云绿泥钠长片岩、结晶灰岩、赤铁石英岩、绢云石英片岩、绢云绿泥石英片岩、混合岩、混合花岗岩以及变质砾岩、黄绿色变质砂岩、变质粉砂岩等浅变质正常碎屑岩夹玄武岩组合等组成,反映出构造混杂岩特征。苗来成在绿泥片岩(原岩为基性火山岩或凝灰岩)中进行的锆石 SHRIMP U-Th-Pb 年龄测试,分析年龄为543±5Ma 和506±3Ma。反映出火山岩的成岩年龄为新元古代—寒武纪。扎兰屯变质增生杂岩楔应为早奥陶世早期贺根山-扎兰屯俯冲带俯冲形成的增生残留体。

(4)在北山弧盆系南部出露下寒武统双鹰山组($\epsilon_1 s$)滨海相碎屑岩夹白云岩、中寒武统—下奥陶统西双鹰山组[(ϵ_2-O_1)x]滨浅海相细碎屑岩-砾状灰岩组合。

(5)寒武纪,在南部华北陆块区为大面积滨浅海,出露了下寒武统馒头组($\epsilon_{1-2}m$),中寒武统张夏组($\epsilon_2 z$)、香山组($\epsilon_2 x$)、老弧山组($\epsilon_{2-3} l$),上寒武统固山组($\epsilon_3 g$)、炒米店组($\epsilon_3 c$)和三山子组[(ϵ_3—O_1)s],岩性以滨浅海相碎屑岩、灰岩、竹叶状灰岩等,为不稳定的陆源-滨浅海相沉积。

(二)奥陶纪—中泥盆世构造亚旋回

奥陶纪—中泥盆世旋回经历了早期阶段(奥陶纪)大洋俯冲环境和晚期阶段(志留纪—中泥盆世)陆缘裂谷环境。

1. 奥陶纪大洋俯冲阶段

早奥陶世早期,西伯利亚板块与华北陆块区收缩靠近,造成古亚洲洋沿贺根山—扎兰屯一带继续向北西俯冲消减;华北陆块区北缘小洋盆洋壳则向南俯冲消减。

1) 古亚洲洋第二次俯冲

在贺根山-扎兰屯俯冲带以北,奥陶纪初期还延续寒武纪的俯冲后伸展环境,有下统哈拉哈河组($O_1 hl$)临滨—远滨石英砂岩碎屑岩夹碳酸盐岩建造、黄斑脊山组($O_1 h$)滨海相硬杂质石英砂岩碎屑岩建造。早中奥陶世出现俯冲环境,出露乌宾敖包组($O_{1-2}w$)弧背盆地环境滨浅海碎屑岩建造、多宝山组($O_{1-2}d$)、岛弧性质基性—中酸性火山岩夹砂岩、板岩、灰岩组合,下中统大伊希康河组($O_{1-2}dy$)弧背盆地环境浅海相杂砂岩建造。中晚奥陶世为陆表海环境,出露中上统裸河组($O_{2-3}lh$)滨浅海相碎屑岩建造。

早中奥陶世火山岩由多宝山组($O_{1-2}d$)玄武岩、安山玄武岩、变质安山岩、变质安山质凝灰角砾岩、安山岩和英安岩组成,岩石化学分析为碱性和亚碱性,以亚碱性居多,有拉斑系列和钙碱系列,以拉斑系列为主,壳幔混合源,岛弧扩张中心火山岩、钠质系列、拉斑玄武岩系列、造山带火山岩、岛弧造山带玄武岩等,判断大地构造环境为岛弧。

在东乌珠穆沁旗-多宝山岛弧之中出露中奥陶世(O_2)岛弧-陆缘弧环境花岗闪长岩-花岗岩(GG)组合。岩性包括花岗闪长岩、石英闪长岩、二长花岗岩、石英闪长岩和斜长花岗斑岩等。岩化分析为壳幔混合源—壳源、高钾钙碱系列、亚碱性、岛弧和大陆弧区，在 An-Ab-Or 图解中为 G_1-G_2 组合，判断大地构造环境为活动陆缘弧。

在北山弧盆系，出露下-中奥陶统罗雅楚山组（$O_{1-2}l$）远滨泥岩、粉砂岩夹砂岩组合；中-上奥陶统咸水湖组（$O_{2-3}x$）岛弧性质火山岩-火山碎屑浊积岩组合，岩性主要为浅黄褐色安山玢岩、灰绿色辉绿岩、凝灰岩、泥灰岩或砂岩；中-上奥陶统白云山组（$O_{2-3}by$）滨海砂岩-碳酸盐岩硅质岩组合，岩性主要为灰色、灰绿色、灰紫色杂砂岩、杂砂质石英砂岩、变质长石石英砂岩、深灰色结晶灰岩、白云岩及大理岩夹硅质岩。

2）华北陆块区北侧小洋盆第二次俯冲

华北陆块区北侧小洋盆在奥陶纪早期向南俯冲，出露了岛弧性质火山岩和侵入岩。

（1）在朝阳地-解放营子俯冲带南侧（上盘）出露奥陶纪—早志留世陆缘弧火山-沉积岩，岩性为碳酸盐岩浊积岩内夹角闪片岩，可能是陆缘弧环境下的中基性火山岩变质的产物。

（2）内蒙古中部华北陆块区北缘及其与温都尔庙-套苏沟俯冲带之间为岛弧环境，出露下-中奥陶统白乃庙组（$O_{1-2}bn$）岛弧环境中基性火山碎屑岩、中基性火山岩、粉砂岩、长石石英砂岩夹玢岩及页岩透镜体；布龙山组（$O_{1-2}bl$）浊积岩组合，岩性主要为暗灰色、灰黑色、灰绿色、淡紫色硅质板岩（泥岩）、灰色、绿灰色硅质板岩（中基性凝灰岩）、灰绿色暗灰色安山岩、绿灰色含粉砂质硅质板岩（泥岩）夹大理岩（灰岩）透镜体及粉砂质板岩（泥岩）；哈拉组（$O_{1-2}h$）含火山岩浊积岩组合，岩性为粉紫色英安质晶屑玻屑岩屑凝灰岩、英安质火山角砾岩屑晶屑凝灰岩、灰岩透镜体及玄武岩安山岩等，并出露 TTG 组合侵入岩，岩性包括英云闪长岩和石英闪长岩。

2. 志留纪—中泥盆世裂谷-大洋扩张阶段

志留纪—中泥盆世为地壳稳定期，火山活动很少，沉积岩分选好、成熟度高，侵入岩为碱性过饱和铝过饱和类型。同期，伸展环境造成大洋扩张增生。

（1）在贺根山-扎兰屯俯冲带以北，沉积有下志留统黄花沟组滨海—浅海碎屑岩建造；中志留统八十里小河组滨海碎屑岩建造及晒勿苏组（S_2s）碳酸盐岩滨浅海相生物礁沉积；上志留统卧都河组（S_3w）滨浅相碎屑岩建造；下中泥盆统泥鳅河组（$D_{1-2}n$）滨海—浅海钙质粉砂质板岩夹结晶灰岩、放射虫硅泥质岩组合。

（2）在朝阳地-解放营子俯冲带以南，沉积有上志留统—下泥盆统西别河组[（S_3—D_1）x] 碳酸盐岩陆表海碎屑岩-碳酸盐岩沉积；下泥盆统前坤头沟组（D_1q）陆表海相陆源碎屑-碳酸盐岩建造。火山岩只出露中志留世八当山火山岩（$B\nu$），属俯冲后伸展环境流纹岩组合。侵入岩只出露在赤峰一带，为晚志留世（S_3）俯冲后伸展过碱性花岗岩-钙碱性花岗岩组合。岩性以二长花岗岩和正长花岗为主，岩石化学分析为碱性过饱和铝过饱和岩石类型、高钾钙碱系列、I 型花岗岩，在山德指数图解中落入后造山花岗岩、裂谷系花岗岩和大陆造陆隆升花岗岩交会区，岩石具晶洞构造、文象结构，其内充填石英晶簇和白云母集合体，判别构造环境为陆缘裂谷。

（3）在北山弧盆系出露陆缘裂谷环境火山-沉积岩。有上奥陶统—下志留统班定陶勒盖组[（O_3—S_1）b] 陆棚浅海—半深海环境泥岩-硅质泥岩夹硅质岩组合，出露于狼头山-杭乌拉俯冲增生杂岩带东部构造混杂岩之中；下-中志留统圆包山组（$S_{1-2}y$）陆棚浅海环境泥岩、粉砂岩夹砂岩组合；中-上志留统公婆泉组（$S_{2-3}g$）海相碱性火山岩组合，岩性为海相安山岩、粗安岩、安山玄武岩为主夹粗面岩、流纹岩及酸性凝灰岩、局部夹少量大理岩，为壳幔混合源岩浆，火山岩具有碱性岩和双峰式火山岩特征，大地构造环境为陆缘裂谷；中-上志留统碎石山组（$S_{2-3}ss$）滨海相含砾砂岩-粉砂质泥岩-硅质岩组合；下-中泥盆统雀儿山组（$D_{1-2}q$）中基性—中酸性火山岩-砂砾岩组合，岩性为黄绿色安山岩、英安岩、玄武岩及灰白色流纹岩与砂、砾岩互层。火山岩似双峰式组合，为活动大陆边缘（陆缘裂谷）环境；下-中泥盆统伊克乌苏组（$D_{1-2}y$）远滨粉砂岩、砾岩组合；中泥盆统卧驼山组（D_2wt）海陆交互相砂泥岩夹砾岩组合。

（4）在狼头山-杭乌拉俯冲带和贺根山-多宝山俯冲带之中出露大陆裂谷-洋壳性质的超基性—中基性侵入岩，反映出该时期裂谷发育、洋壳增生。

（三）中晚泥盆世—早石炭世亚旋回

中晚泥盆世—早石炭世亚旋回经历了早期阶段（中晚泥盆世）大洋俯冲环境和晚期阶段（早石炭世）陆缘裂谷环境。

1. 中晚泥盆世大洋俯冲阶段

1）古亚洲洋第三次向北西俯冲

（1）在贺根山-扎兰屯俯冲带以北，沉积岩为大民山组（$D_{2-3}d$）深海—半深海放射虫-硅质骨针岩组合、火山碎屑浊积岩组合等。岩性包括海相杂砂岩、细粉砂岩、凝灰砂岩、钙硅质砂岩、砂岩粉砂质板岩、砂质灰岩、泥岩、灰岩、生物碎屑灰岩、含铁硅质砂岩、含放射虫凝灰岩、石英角斑岩质砾岩、细碧岩、细碧角斑岩、安山岩、英安岩及中酸性火山角砾岩等，反映出拉张形成的弧间微大洋盆地环境。火山岩为海相玄武岩-安山岩-流纹岩组合，岩石化学和地球化学投图分析为壳幔混合源、拉斑系列和钙碱系列、中钾-高钾系列、钾质、轻稀土略富集、无铕异常，造山带火山岩、岛弧造山带等，判断构造环境为岛弧。侵入岩为晚泥盆世岛弧环境 TTG 组合和碰撞后裂谷环境辉长岩+辉绿玢岩（基性岩墙群）组合。TTG 组合岩化投图分析为壳幔混合源、大陆弧花岗岩与大陆碰撞花岗岩交叉部位，稀土配分曲线轻稀土富集，铕显示轻微亏损，An-Ab-Or 图解为 T_1-T_2-G_1-G_2 组合，Q-Ab-Or 图解反映出奥长花岗岩演化趋势。综合判断为陆缘岛弧构造环境。辉长岩+辉绿玢岩（基性岩墙群）组合多为辉长岩、辉绿玢岩脉，岩石化学和地球化学投图分析为拉斑与钙碱性的过渡部位，以拉斑系列为主，稀土配分曲线显示地幔特征，岩石成因类型为幔源，结合脉体产状，形成时间较晚，判别大地构造环境为碰撞后裂谷的产物。

（2）在北山弧盆系之中出露晚泥盆世岛弧侵入岩，岩性为英云闪长岩和二长花岗岩。狼头山-杭乌拉俯冲增生杂岩带中西部英云闪长岩（$\gamma\delta o$）K-Ar 同位素年龄 361.9Ma。

2) 华北陆块区北侧小洋盆(古亚洲洋)第三次向南俯冲

恩格尔乌苏俯冲带以南的陆块区北缘大量出露陆缘弧性质的TTG-GG组合侵入岩，岩性包括闪长岩、斑状花岗闪长岩、花岗闪长岩、英云闪长岩、二长花岗岩、黑云母二长花岗岩、花岗岩、斑状花岗岩等。在镶黄旗-敖汉旗陆缘弧多伦东南出露的花岗闪长岩($\gamma\delta$) SHRIMP锆石U-Pb同位素年龄为374Ma。

2. 早石炭世裂谷阶段

早石炭世大地构造环境相对稳定，沉积岩成熟度高，火山岩和侵入岩多为碱性岩。

(1)在东乌珠穆沁旗-多宝山岛弧北侧早石炭世沉积了莫尔根河组(C_1m)粗安岩、钠长粗面岩、安山岩、安山质岩屑晶屑凝灰岩等；红水泉组(C_1h)临滨相砾岩、石英砂岩、长石石英砂岩、细粉砂岩、粉砂质板岩、生物碎屑灰岩，为一套滨浅海砂岩-粉砂岩-泥岩组合。莫尔根河组(C_1m)火山岩为陆缘裂谷玄武岩-英安岩-粗面岩-流纹岩组合；岩石化学分析属壳幔混合源、碱性和亚碱性、钙碱和拉斑系列、高铝岩系、钾质、钠质系列各半，判断为弧后盆地之俯冲后伸展环境。侵入岩只出露在贺根山-扎兰屯俯冲带之上的达斡尔民族乡、柳屯村一带，为陆缘裂谷过碱性花岗岩-钙碱性花岗岩组合，岩性以中细粒似斑状黑云母碱长花岗岩为主，局部过渡为正长花岗岩，单矿物锆石U-Pb年龄331Ma(早石炭世)。岩石化学和地球化学投图分析为碱性、高钾钙碱系列，岩浆来于地幔，板内花岗岩区，非造山花岗岩，轻稀土富集，负铕异常。

(2)温都尔庙岩浆弧南部敖吉乡陆缘裂谷中沉积了朝吐沟组(C_1c)绢云片岩、中基性熔岩及酸性凝灰岩夹结晶灰岩透镜体组合。火山岩为陆缘裂谷双峰式组合。

(3)内蒙古西部为裂谷环境，出露红柳园组(C_1hl)陆棚前滨—临滨砂泥岩夹灰岩组合，岩性为灰色、灰绿色砂岩，砂砾岩，砾岩与板岩互层，及绿色砂岩、页岩互层夹结晶灰岩；绿条山组($C_{1-2}l$)半深水砂板岩组合，岩性为浅海相长石石英砂岩、粉砂岩、粉砂质板岩、硅质岩、含铁硅质岩及结晶灰岩等；白山组($C_{1-2}b$)中酸性—中基性火山岩组合，岩性为流纹岩、英安岩、英安质凝灰岩夹少量中基性火山岩和陆源碎屑岩，属伸展环境双峰式火山岩组合。

(4)华北陆块区中西部北缘发育小范围浅海，出露前黑山组(C_1q)台地潮坪-局限台地碳酸盐岩组合，岩性为灰色灰岩，生物灰岩夹白云质灰岩、粉细砂岩；臭牛沟组(C_1cn)泥岩-粉砂岩组合，岩性为灰褐色结晶灰岩、浅灰色石英砂岩夹绢云母板岩。早石炭世侵入了少量辉长岩和二长花岗岩，双峰式侵入岩反映出裂谷环境。

二、晚石炭世—中三叠世"晚期古亚洲洋"演化

晚石炭世—中三叠世构造旋回为古亚洲洋晚期发展阶段，经历了古亚洲洋第二次由大洋到大陆的最终演化，包括两个亚旋回，分别为晚石炭世—早二叠世亚旋回和中二叠世—中三叠世亚旋回。

(一)晚石炭世—早二叠世亚旋回

晚石炭世—早二叠世亚旋回经历了早期阶段(晚石炭世早期)大洋俯冲-同碰撞环境和晚期阶段(晚奥陶世中晚期—早二叠世)后造山-大洋增生环境。晚期阶段古亚洲洋处于扩张期，新洋壳不断生成，但除古地磁和古生物资料(黄本宏，1983)间接证明之外，保留下的大洋痕迹很少。

1. 晚石炭世大洋俯冲-同碰撞-大洋伸展阶段

早石炭世末期—晚石炭世早期西伯利亚板块与中朝板块继续收缩靠近，并最终碰撞。北部造成海拉尔-呼玛弧后洋盆洋壳分别向额尔古纳岛弧和东乌珠穆沁旗-多宝山岛弧之下双向俯冲，小洋盆消失，地层褶皱造山成陆。中部古亚洲洋洋壳沿贺根山—扎兰屯一带向北西俯冲消减，造成西伯利亚板块南缘与华北陆块区北缘发生陆-陆碰撞，在贺根山一带及其南东侧形成宽厚的增生楔(宽度达几十千米到上百千米)，增生楔之上发育周缘前陆盆地。南部华北陆块区北缘小洋盆收缩地层褶皱，隐伏洋壳继续向南俯冲。

(1)以贺根山-扎兰屯俯冲带为界，以北环境以陆相-海陆交互相为主，以南环境以浅海相-海陆交互相为主。

在贺根山-扎兰屯俯冲带以北晚石炭世已演变为陆相-海陆交互相，为陆相弧背盆地-弧后盆地环境，沉积有上石炭统宝力高庙组(C_2b)陆缘弧亚相片理化流纹岩、英安岩夹岩屑晶屑凝灰岩、石英片岩夹黄铁矿层建造；新伊根河组(C_2x)陆海交互陆表海-前三角洲相砾岩与粉砂岩互层夹泥质岩建造；格根敖包组(C_2g)陆源碎屑滨海湖相岩屑砂岩、细砂岩夹砾岩建造；新伊根河组(C_2x)陆源碎屑浊积岩组合。

在贺根山-扎兰屯俯冲带至华北陆块区以北，主要出露阿木山组(C_2a)和本巴图组(C_2bb)滨浅海相碳酸盐岩-碎屑岩夹火山岩建造，东南部为酒局子组(C_2jj)、石嘴子组(C_2s)及白家店组(C_2bj)湖泊三角洲—临滨—浅海相碎屑岩-碳酸盐岩建造。

(2)火山岩表现为岛弧-陆缘弧性质：在贺根山-扎兰屯俯冲带以北有宝力高庙组陆缘弧玄武岩-安山岩-流纹岩组合、弧后盆地火山岩组合；在温都尔庙-套苏沟俯冲带以南有陆缘弧环境青龙山火山岩出露。

(3)大洋俯冲-同碰撞侵入岩出露在索伦-扎鲁特旗结合带(以及陆缘裂谷)以北和温都尔庙-套苏沟俯冲带(以及恩格尔乌苏俯冲带)以南。

额尔古纳岛弧之上出露岛弧高镁闪长岩(洋内弧)组合、TTG组合及同碰撞高钾和碱玄岩质花岗岩组合，海拉尔-呼玛弧后盆地出露陆缘弧GG组合，东乌珠穆沁旗-多宝山岛弧之上出露陆缘弧TTG组合和同碰撞强过铝花岗岩组合，北山弧盆系出露TTG组合等，反映出古亚洲洋洋壳的俯冲碰撞作用，造成陆缘弧向大陆方向侵入岩由TTG向GG演化并出现同碰撞花岗岩，同时又显示出海拉尔-呼玛小洋盆洋壳的俯冲作用，造成其北侧出现TTG组合和同碰撞花岗岩。

温都尔庙-套苏沟俯冲带(以及恩格尔乌苏俯冲带)以南出露 TTG-GG 组合侵入岩,反映出俯冲造成的陆缘弧环境。

(4)晚石炭世中晚期为俯冲后伸展环境,北山弧盆系之中、哈日博日格弧盆系之中以及索伦-扎鲁特旗结合带北缘达青牧场俯冲增生杂岩带之中皆发育有裂谷-洋壳性质的双峰式侵入岩和基性—超基性岩。据古地磁等资料分析:在林西一带大洋迅速拉开变宽,并形成新的古亚洲洋,到晚石炭世中期已拓宽了 2000~3000km。扎兰屯一带已位移到北纬 60°以北,而西拉木伦一带却在北纬 30°以南(图 6-2)。

2. 早二叠世后造山-洋壳扩张阶段

早二叠世大地构造环境相对稳定,只有沉积岩和侵入岩,没有火山岩喷发。

(1)沉积岩只出露在锡林浩特岩浆弧南缘(亦为早二叠世西伯利亚板块南缘)和华北陆块区北缘及北侧,岩石分选好、成熟度高。侵入岩出露在陆内,多为碱性岩。

锡林浩特岩浆弧之中沉积有寿山沟组(P_1ss)临滨—远滨相碎屑岩建造。岩性为千枚状板岩、千枚状粉砂质板岩、泥质粉砂岩互层夹长石岩屑粉砂岩,顶部含大理岩透镜体。

在华北陆块区北侧出露三面井组(P_1sm)河口湾相碎屑岩建造。岩性为变质砾岩、砂砾岩、长石砂岩、石英砂岩、粉砂岩夹板岩和鲕状灰岩。

(2)侵入岩仅主要出露有西伯利亚板块北东缘东乌珠穆沁旗-多宝山岛弧之中和华北陆块区北缘地带,岩性为二长花岗岩、碱长花岗岩、碱性花岗岩、黑云母花岗岩、花岗岩、苏长岩、辉长岩、辉绿岩、角闪二长岩、正长花岗岩等,以双峰式组合和碱性—过碱性—钙碱性花岗岩组合为主。反映出后造山-裂谷-洋壳扩张环境。花岗岩岩石化学和地球化学投图分析为 A 型花岗岩,碱性、钾质系列,裂谷系花岗岩。角闪二长岩(CIPW:石英碱长正长岩),锆石 U-Pb 同位素年龄为 $286±6Ma$。

(3)在索伦-扎鲁特旗结合带的两侧俯冲增生杂岩带之中出露洋壳性质的基性—超基性岩,为早二叠世大洋扩张增生的产物。

(二)中二叠世—中三叠世(早侏罗世)亚旋回

该亚旋回严格意义上来讲,应为中二叠世—早侏罗世亚旋回,其包括早期(中二叠世)大洋俯冲-同碰撞阶段、中期(晚二叠世—中三叠世)后碰撞阶段以及晚期(晚三叠世—早侏罗世)后造山—陆内裂谷阶段,即是说到中三叠世中晚期,尽管古亚洲洋已经演化成陆,尽管古太平洋板块俯冲活动已经开始,但是,自早二叠世末期古亚洲洋洋壳开始俯冲造成的构造亚旋回还没结束,其影响一直延续到早侏罗世。

1. 早二叠世末期—中二叠世大洋俯冲-同碰撞阶段

早二叠世末期—中二叠世早期,古亚洲洋迅速剧烈收缩,并分别在满都拉—达青牧场一带和西拉木伦河一带向北、南两侧俯冲,并最终自西向东剪刀式碰撞。致使在满都拉—达青牧场一带和西拉木伦河一带之间形成西窄东宽的残余海盆,而其两侧则形成岛弧-陆缘弧。

1)古亚洲洋北西侧岛弧-陆缘弧

在古亚洲洋以北西出露中二叠世沉积岩、火山岩和侵入岩。沉积岩为中二叠统大石寨组和哲斯组(北山弧盆系及柳园裂谷为双堡塘组和金塔组),从满都拉向东—北东—北北东经乌兰浩特到新天镇,沉积范围基本覆盖了北山弧盆系及柳园裂谷、锡林浩特岩浆弧和贺根山-扎兰屯俯冲增生杂岩带并向北延续到东乌珠穆沁旗-多宝山岛弧北东部和海拉尔-呼玛弧后盆地东北部。大石寨组(P_2ds)为一套千枚岩、千枚状板岩、安山岩、英安岩、流纹岩、中酸性凝灰岩夹生物碎屑灰岩建造,其中火山岩为中酸性熔岩和火山碎屑凝灰岩,岩石类型为蚀变安山岩、英安岩、流纹岩及其凝灰岩。岩石化学和地球化学投图分析为钙碱性系列,富钾、富钠都存在,以富钠为主,拉斑玄武岩系列、岛弧拉斑玄武岩、造山带火山岩,壳幔混合源,环境为岛弧;哲斯组(P_2zs)为一套滨浅海(临滨相和潮间带相)—水下扇—较深水海盆相沉积,为砂泥岩组合-砾岩夹砂岩组合-生物碎屑灰岩组合等;双堡塘组(P_2sb)为滨浅海泥岩-粉砂岩组合;金塔组(P_2j)为海相基性—中性—酸性火山岩-火山碎屑沉积岩组合,岩性为灰绿色玄武岩、安山岩、英安岩、火山角砾岩、流纹质凝灰岩、凝灰质砂岩、杂砂质长石石英砂岩、粉砂岩、黑色页岩及灰岩透镜体等,火山岩反映出岛弧-陆缘弧环境。

侵入岩为接近达青牧场俯冲带的岛弧 TTG 组合—同碰撞高钾-钾玄质花岗岩组合以及远离俯冲带(额尔古纳岛弧之中)的 GG 组合。TTG 组合分布在达青牧场俯冲增生杂岩带北西侧,岩石类型有石英闪长岩、花岗闪长岩、奥长花岗岩、石英闪长岩、二长花岗岩和闪长岩等,岩石化学和地球化学投图分析为高钾钙碱系列、钙碱性系列、高钾岩系、S 型花岗岩,位于岛弧和大陆弧区,在 An-Ab-Or 图解投于 $T_1-T_2-G_1-G_2$ 区,Q-Ab-Or 图解为钙碱性演化趋势与奥长花岗岩演化趋势之间,综合判别大地构造环境为岛弧。同碰撞高钾-钾玄质花岗岩组合分布在锡林浩特岩浆弧和多宝山岛弧之中,岩石类型有花岗岩、黑云母二长花岗岩、白云母二长花岗岩、正长花岗岩、晶洞花岗岩和碱长花岗岩,碱长花岗岩 U-Pb 同位素年龄 268Ma、$274±1Ma$,岩石化学和地球化学投图分析具 I 型和 S 型双重特征,A 型花岗岩、高钾钙碱系列、位于火山弧花岗岩区和同碰撞花岗岩区,综合判断大地构造环境为同碰撞。GG 组合分布于额尔古纳岛弧之中,早期为花岗闪长岩,晚期为二长花岗岩和花岗岩,同位素年龄为 255~271Ma。岩石化学和地球化学投图分析为高钾钙碱系列—钾玄岩系列,大部分为 S 型花岗岩,少数为 I 型花岗岩,壳幔混合源,在 An-Ab-Or 图解投于 G_1-G_2 区。综合判别大地构造环境为活动大陆边缘弧。

2)索伦-扎鲁特旗结合带

林西残余海盆之中出露有中二叠世沉积岩和火山岩,没有侵入岩。

沉积岩为中二叠统大石寨组和哲斯组,大石寨组(P_2ds)属残余海盆火山岩亚相,为一套千枚岩、千枚状板岩、玄武岩、安山岩、英安岩、中酸性凝灰岩、细碧岩、角斑岩夹生物碎屑灰岩建造。哲斯组(P_2zs)包括半深海浊积岩(砂砾岩)组合、台地陆源碎屑-碳酸盐岩组合和海岸沙丘-后滨砂岩组合,反映由半深海-浅海-滨海相沉积。

火山岩为大石寨组（P_2ds）细碧-角斑岩建造—中酸性火山碎屑岩建造，岩石化学和地球化学投图分析以亚碱性、钙碱系列，拉斑系列，钠质为主，少量钾质，洋中脊拉斑玄武岩、洋中脊火山岩，铝质区和低铝质区。综合判断其既有洋中脊性质的火山岩、又有初级陆壳熔融火山岩，在此称其为残余海盆火山岩组合。

3）古亚洲洋南侧陆缘弧

西拉木伦俯冲带以南出露中二叠世沉积岩、火山岩和侵入岩。

沉积岩为中二叠统额里图组和于家北沟组。额里图组（P_2e）岩性主要为安山岩、安山玄武岩、英安质岩屑晶屑凝灰岩等。于家北沟组（P_2y）为水下扇-河口湾相砾岩夹砂岩组合。

火山岩为额里图组（P_2e）中基性—中酸性火山岩建造，岩石化学和地球化学投图分析为碱性和亚碱性、拉斑和钙碱、钠质，岛弧过渡型、陆缘弧。

侵入岩为TTG组合和同碰撞高钾和碱玄岩质花岗岩组合。TTG组合大范围出露在华北陆块区北缘和北侧岩浆弧之中，岩石类型有角闪闪长岩、辉石闪长岩、石英闪长岩、英云闪长岩、奥长花岗岩、花岗闪长岩、二长花岗岩和正长花岗岩，花岗闪长岩SHRIMP U-Pb同位素年龄为263±2.5Ma。岩石化学和地球化学数据投图分析结果为以高钾钙碱系列为主，少量钙碱性系列和钾玄岩系列，壳幔混合源，在An-Ab-Or图解中为T_1-G_1-G_2-QM组合，Q-Ab-Or图解主要为钙碱性演化趋势，少量为奥长花岗岩演化趋势。综合判别大地构造环境为活动大陆边缘弧。同碰撞高钾和碱玄岩质花岗岩组合出露于华北陆块区，岩石类型有黑云母二长花岗岩、正长花岗岩，U-Pb同位素年龄为275Ma和247.7Ma。岩石化学和地球化学数据投图分析为高钾钙碱系列，壳幔混合源，构造环境为同碰撞。

2. 晚二叠世—中三叠世后碰撞-残余盆地阶段

晚二叠世—中三叠世，随着沉积物的加厚，残余海盆及其两侧的弧背盆地和自西向东逐渐收缩，海水逐渐淡化变为内陆湖和残余盆地，火山活动已经很弱，俯冲带两侧仰冲盘上仍然有混合岩化和岩浆侵入，中三叠世中晚期强烈碰撞，残余盆地以及弧后、弧间和弧背盆地皆挤压褶皱造山，在构造薄弱地带（如古俯冲带等板块边界）发育韧性变形带。

1）索伦-扎鲁特旗结合带以北西

沉积岩为上二叠统林西组（P_3l）、下三叠统老龙头组（T_1ll）和哈达陶勒盖组（T_1hd）。林西组（P_3l）主体为内陆淡水湖盆相沉积，盆地底部以及东部仍存在咸水生物化石。反映出自西向东、自下而上海水被逐渐淡化的过程。沉积物包括为水下扇砂砾岩组合、湖泊三角洲砂砾岩组合、湖泊泥岩-粉砂岩组合、湖泊砂岩-粉砂岩组合等。老龙头组（T_1ll）只出露在NE部布特哈旗蘑菇气一带，出露范围相对林西组要小很多，为淡水湖盆砂岩-粉砂岩夹火山岩组合。哈达陶勒盖组（T_1hd）以火山岩为主，上段安山岩为主夹酸性凝灰岩，中部为凝灰质粉砂岩、粉砂质板岩、沉凝灰岩，下部为玄武安山岩、安山岩、中酸性、酸性晶屑玻屑熔结凝灰岩。

火山岩为哈达陶勒盖组（T_1hd）后碰撞高钾和钾玄岩质火山岩组合，岩石化学和地球化学投图分析为碱性、钙碱性、钾玄岩系列，壳幔混合源，铝质区，岛弧造山带。综合分析似为岛弧环境，但钾质较高，参考同时期侵入岩特征，判断构造环境为后碰撞。

侵入岩为碰撞型高钾-钾玄岩质花岗岩组合。晚二叠世碰撞型岩浆杂岩出露在锡林浩特岩浆弧北部岩性有花岗岩、二长花岗岩、黑云母花岗岩，岩石化学和地球化学投图分析为高钾钙碱性系列，幔混合源，大陆碰撞和大陆弧花岗岩区。综合判断其大地构造环境为同碰撞或后碰撞。早三叠世碰撞型岩浆杂岩分布于额尔古纳岛弧北东部，岩石类型为含斑中细粒角闪黑云母花岗闪长岩和斑状中粒黑云母二长花岗岩，岩石化学和地球化学投图分析为高钾钙碱系列，壳幔混合源，综合判断构造环境为同碰撞或后碰撞。中三叠世碰撞型岩浆杂岩出露在海拉尔-呼玛弧后盆地北东部松岭区一带，岩石类型有黑云母花岗岩、二长花岗岩，岩石化学和地球化学投图分析为高钾钙碱系列，壳幔混合源，综合判断构造环境为后碰撞。

2）索伦-扎鲁特旗结合带

林西残余盆地只出露有上二叠统林西组（P_3l），由水下扇砂砾岩组合、湖泊三角洲砂砾岩组合、湖泊泥岩-粉砂岩组合、湖泊砂岩-粉砂岩组合构成。属淡水（深）湖相。反映出环境演化特征具河流—三角洲（滨湖）—浅湖-深湖的特点。该盆地产丰富的淡水双壳化石亦有少量咸水双壳类化石出现及植物化石。

3）索伦-扎鲁特旗结合带以南

西拉木伦俯冲带以南出露晚二叠世—中三叠世沉积岩和侵入岩。

沉积岩只有上二叠统铁营子组（P_3t），为湖泊三角洲相砂砾岩夹火山岩组合，出露范围小。

侵入岩为碰撞型岩浆杂岩，晚二叠世（P_3）高钾和碱玄岩质花岗岩组合出露在华北陆块区北缘，岩性有花岗岩、花岗斑岩、正长斑岩等。早三叠世（T_1）高钾和碱玄岩质花岗岩组合分布于华北陆块区北缘，岩石类型为糜棱结构的黑云母二长花岗岩，岩石化学和地球化学投图分析为高钾钙碱系列，壳幔混合源，同碰撞期，板内，综合判断构造环境为同碰撞或后碰撞。中三叠世（T_2）包括强过铝花岗岩组合及高钾和碱玄岩质花岗岩组合——中三叠世同碰撞强过铝花岗岩组合位于双井古陆之中，岩石类型有黑云母二长花岗岩、二云母二长花岗岩和白云母二长花岗岩，二云母花岗岩锆石SHRIMP U-Pb同位素年龄为229.2±2.7Ma和237Ma，岩石化学和地球化学投图分析为高钾钙碱系列—钾玄岩系列，过铝质壳源淡色花岗岩，同碰撞花岗岩，综合判断构造环境为同碰撞；中三叠世高钾和碱玄岩质花岗岩组合遍布华北陆块区北缘，岩性以黑云母二长花岗岩占绝对优势，岩石化学和地球化学投图分析为高钾钙碱系列—钾玄岩系列，壳幔混合源，碰撞花岗岩，判断大地构造环境为后碰撞。反映出在中三叠世中晚期发生了碰撞造山事件，造成了中二叠统—下三叠统发生强烈褶皱，以及形成西拉木伦韧性变形带。

第三节 晚三叠世以来陆内演化阶段

晚三叠世开始由于古太平洋板块向古亚洲板块俯冲而进入了中国东部造山裂谷系巨旋回,其包括晚三叠世—白垩纪旋回和古近纪—第四纪旋回。

一、晚三叠世—白垩纪构造旋回特征

晚三叠世—白垩纪构造旋回只有1个亚旋回3个阶段,包括早期(晚三叠世—早侏罗世)大洋俯冲(陆缘弧)阶段、早中期(中晚侏罗世)陆缘弧-后碰撞阶段、中晚期(白垩纪)陆缘弧—(碰撞)—后造山阶段。

(一)晚三叠世碰撞造山-后造山、陆缘弧阶段

中三叠世中晚期,在北西—南东向挤压的区域构造应力作用下,板块发生碰撞,古亚洲洋最终消亡。中二叠统—下三叠统褶皱造山,构造薄弱带发生韧性变形,其中,近东西向的断裂带等发生韧性压缩-韧性右行走滑活动(如西拉木伦断裂带等);近南北向断裂带发生韧性隆滑活动(如喀喇沁断隆);在西拉木伦断裂带侵入同碰撞强过铝二云母花岗岩(SHRIMP年龄为229.2±2.7Ma和237Ma)。同时,由于碰撞和惯性作用,在与中朝板块连接的古太平洋板块相继发生了俯冲作用,造成了中国东部环太平洋陆缘弧演化的开始。

(1)晚三叠世内蒙古主要为大陆剥蚀环境,断陷盆地仅少量发育在北山弧盆系和华北陆块区之中,沉积了上三叠统珊瑚井组(T_3sh)湖泊三角洲砂砾岩、泥岩组合;延长组(T_3yc)湖泊三角洲砂砾岩-泥岩夹煤线组合。

(2)晚三叠世侵入岩包括同碰撞强过铝花岗岩组合、后造山碱性—钙碱性花岗岩组合和陆缘弧TTG组合。

同碰撞强过铝花岗岩组合主要分布于内蒙古中西部,反映出古亚洲洋在晚三叠世初期中朝板块与西伯利亚板块的碰撞活动。

后造山过碱性—钙碱性花岗岩组合出露于内蒙古东部,代表了古亚洲洋造山旋回的中后期后造山环境。岩石类型以正长花岗岩占绝对优势,另有少量花岗岩、二长花岗岩和碱性花岗岩,岩石具文象结构,晶洞构造,U-Pb同位素年龄为211Ma、208Ma和224Ma。岩石化学和地球化学投图分析为高钾钙碱-钾玄岩系列、碱性,壳幔混合源,铝质A型花岗岩,后造山花岗岩。

陆缘弧TTG组合主要分布于内蒙古中东部,反映了古太平洋板块的俯冲活动造成内蒙古东部成为初始陆缘弧。岩石类型为花岗闪长岩、奥长花岗岩、黑云母二长花岗岩、角闪长岩、辉石闪长岩、辉石石英闪长岩、石英二长闪长岩等。U-Pb同位素年龄为217Ma、236Ma和239Ma。岩石化学和地球化学投图分析为钙碱系列—高钾钙碱系列、壳幔混合源和壳源,大陆弧花岗岩—大陆碰撞花岗岩,在An-Ab-Or图解中为$T_1-T_2-G_1-G_2$组合,Q-Ab-Or图解为介于奥长花岗岩演化和钙碱性演化之间趋势,判断大地构造环境为活动大陆边缘弧。在林西西部三棱山、罕乌拉苏木和华北陆块区东部北缘山神庙子—十家村一带的石英闪长岩之中含有基性—超基性堆晶岩捕房体。

(二)早侏罗世后造山-陆缘弧阶段

早侏罗世断陷盆地开始增多,主要分布于内蒙古东部中间地带,其次发育于柳园裂谷和鄂尔多斯陆块之中。东部沉积有红旗组(J_1h)淡水湖相含煤碎屑岩建造;西部沉积有富县组(J_1f)湖泊泥岩-粉砂岩组合、延安组(J_1ya)河湖相含煤碎屑岩组合和芨芨沟组(J_1j)湖泊泥岩-粉砂岩组合,夹煤层。

岩浆岩出露很少且零散,包括后造山碱性—钙碱性花岗岩组合和陆缘弧GG组合。

碱性—钙碱性花岗岩组合主要分布在内蒙古西部和东北部,岩性为黑云母二长花岗岩、二长花岗岩、正长花岗岩、碱性花岗岩、碱长花岗岩、石英二长岩等,U-Pb同位素年龄为200±11.9Ma、182Ma和199Ma。岩石化学和地球化学投图分析为高钾钙碱系列,壳幔混合源,大地构造环境为后造山,代表了古亚洲洋造山旋回的结束。

陆缘弧GG组合主要分布在内蒙古东部,岩石类型有角闪辉长岩、闪长岩、花岗闪长岩、二长花岗岩、花岗岩、石英斑岩、二长闪长岩、石英二长闪长岩、石英二长岩等,石英二长闪长岩U-Pb同位素年龄为187Ma。岩石化学和地球化学投图分析为钙碱性—高钾钙碱系列,壳幔混合源,推断大地构造环境为活动大陆边缘弧。反映出中三叠世中晚期古太平洋板块的俯冲活动,陆缘弧侵入岩由晚三叠世TTG组合演化为早侏罗世的GG组合。

(三)中侏罗世后造山-陆缘弧阶段

中侏罗世陆内断陷盆地在早侏罗世基础上规模和范围变大,断陷盆地及地堑边缘多受近东西和北东向断裂控制。西部盆地中主要沉积有中侏罗统龙凤山组(J_2l)湖泊相含煤碎屑岩组合;中部盆地主要沉积有下-中侏罗统五当沟组($J_{1-2}w$)河湖相含煤碎屑岩组合、中侏罗统长汉沟组(J_2c)河流砂砾岩-粉砂岩-泥岩组合、直罗组(J_2z)河流砂砾岩-粉砂岩-泥岩组合和安定组(J_2a)湖泊泥岩-粉砂岩组合;东部盆地中主要沉积有中侏罗统新民组(J_2x)陆内断陷盆地河湖砂砾岩-粉砂岩-泥岩-含煤碎屑岩夹火山岩组合、万宝组(J_2wb)河流砂砾岩-粉砂岩-泥岩组合和塔木兰沟组(J_2tm)碱性玄武岩-粗安岩夹碎屑岩组合。

中侏罗世侵入岩主要零散分布于内蒙古东部,包括陆缘弧侵入岩和后造山侵入岩。

陆缘弧GG组合侵入岩零星遍及内蒙古东部,岩性包括闪长岩、花岗闪长岩、石英闪长岩、二长花岗岩和黑云母二长花岗岩等。花岗闪长岩U-Pb同位素年龄165Ma,岩

石化学和地球化学投图分析判断其构造环境为活动大陆边缘弧。

后造山碱性—钙碱性花岗岩组合主要分布在东北部,中西部有少量出露。岩石类型为石英正长岩、正长花岗岩。

中侏罗世末期强大的一次挤压构造应力场,造成了中侏罗统褶皱、变质和近东西向右行-逆斜冲断层。该运动在内蒙古西部(朱绅玉,1997),东北的中部、闽西等地区皆发生了逆冲-推覆构造(陈爱根等,1996)。

(四)晚侏罗世陆缘弧-陆缘裂谷阶段

晚侏罗世,区域上南西-北东向挤压造成大量的北东向展布、受近东西向和北东向共轭张剪性断裂控制的岩浆侵入、火山活动等,内蒙古东部开始全面强烈的火山喷发和岩浆侵入,纯粹的沉积岩很少,一般位于火山岩盆地的底部,或夹层,或古火山口之中。

沉积岩从下到上包括土城子组(J_3t)、满克头鄂博组(J_3mk)、玛尼吐组(J_3mn)和白音高老组(J_3b)。土城子组为河湖相砾岩-砂岩-粉砂岩-泥岩组合,主要分布在林西—喀喇沁旗一带;满克头鄂博组、玛尼吐组和白音高老组主体为中酸性火山岩建造夹河湖相碎屑岩层或透镜体,遍及内蒙古东部,火山岩层厚度巨大。

满克头鄂博组为一套陆相喷发的酸性火山岩建造。主要岩性流纹质含集块火山角砾岩、流纹质火山角砾岩、流纹质角砾熔结凝灰岩、流纹质含角砾晶屑凝灰岩、流纹质晶屑凝灰岩、流纹质熔结凝灰岩、流纹质凝灰岩、流纹岩夹少量的沉积岩薄层等,受火山机构和火山盆地的控制在岩性岩相和厚度上变化较大;玛尼吐组为一套陆相喷发的中性火山岩建造。岩性以安山岩为主,其次为安山质晶屑凝灰岩、安山质凝灰岩夹碎屑岩薄层;白音高老组为一套陆相喷发的酸性火山-沉积岩建造,岩性为流纹岩、流纹质岩屑晶屑凝灰岩、沉凝灰岩、凝灰砂岩等。

火山岩包括满克头鄂博组(J_3mk)、玛尼吐组(J_3mn)和白音高老组(J_3b)酸性火山岩、中性火山岩和酸性火山岩,它们岩石类型不同,岩石化学参数也有一定的差别,但均以高钾钙碱系列为主,少量钾玄岩系列,判断构造环境为俯冲环境陆缘弧火山岩组合。

侵入岩出露有TTG组合、GG组合以及陆缘裂谷碱性—钙碱性花岗岩组合。岩体遍及内蒙古东部蘑菇气以西,总体展布呈近SN向东凸出的弧形,TTG、GG组合以及碱性—钙碱性花岗岩组合掺杂在一起,分布上无规律性。

TTG和GG组合岩石类型包括奥长花岗岩、英云闪长岩、花岗闪长岩、石英二长闪长岩、石英闪长玢岩、闪长岩、闪长玢岩、石英二长斑岩、(斑状)黑云母二长花岗岩、黑云母花岗岩、(斑状)二长花岗岩、斑状石英二长岩等。岩石化学和地球化学投图分析复杂,以钙碱系列为主,少量拉斑系列和钾玄岩系列,岩石成因类型为壳幔混合源,大陆弧花岗岩外侧—裂谷型花岗岩区域,岛弧花岗岩—大陆弧花岗岩,板块碰撞前和碰撞后抬升,在An-Ab-Or图解中为$T_1-T_2-G_1-G_2$组合,Q-Ab-Or图解为钙碱性演化趋势,综合判断大地构造环境为活动大陆边缘弧。

陆缘裂谷碱性—钙碱性花岗岩组合岩石类型有碱长花岗岩、正长花岗岩、斑状石英正长岩和花岗斑岩等,壳源和壳幔混合源。

(五)早白垩世陆缘弧-大陆裂谷-后造山阶段

早白垩世表现为强烈的俯冲后伸展环境,在南西-北东向挤压应力作用下,造成大量北东向展布的、受近东西向和北东向共轭张剪性断裂控制的岩浆侵入、火山活动、地堑盆地等,反映出在古太平洋向北西俯冲碰撞后,造成俯冲带上盘大兴安岭岩浆弧反向(北西-南东向)松弛拉伸,同时来自西南特提斯板块向北东方向的挤压占主导地位。内蒙古东部的火山喷发活动已接近尾声,而岩浆侵入活动强烈,裂谷断陷沉积盆地大量发育,遍及全区。

在内蒙古东部发育陆缘裂谷-断陷盆地火山-沉积岩建造,包括下白垩统义县组(K_1y)陆缘裂谷碱性玄武岩-流纹岩组合,九佛堂组(K_1jf)湖泊砂岩-粉砂岩夹火山岩组合,阜新组(K_1f)湖泊含煤碎屑岩组合,龙江组(K_1lj)陆缘弧英安岩,流纹岩和流纹质火山碎屑岩组合,梅勒图组(K_1m)陆缘裂谷碱性玄武岩-响岩-粗面岩组合,大磨拐河组(K_1d)河湖相含煤碎屑岩组合,甘河组(K_1gh)陆缘裂谷碱性玄武岩-响岩-粗面岩组合,伊敏组(K_1ym)河湖相含煤碎屑岩组合以及巴彦花组(K_1b)湖泊三角洲砂砾岩组合-湖泊含煤碎屑岩组合。

内蒙古中西部发育陆内裂谷-断陷(坳陷)盆地火山-沉积岩建造,包括下白垩统金家窑子组(K_1jj)大陆裂谷环境双峰式火山岩建造、李三沟组(K_1ls)河流砂砾岩-粉砂岩-泥岩组合,固阳组(K_1g)河湖相含煤碎屑岩组合,白女羊盘组(K_1bn)大陆裂谷环境双峰式火山岩组合,左云组(K_1z)湖泊泥岩-粉砂岩组合,洛河组(K_1l)河流相砂砾岩组合,环河组(K_1h)河湖相长石石英砂岩组合,罗汉洞组(K_1lh)河流砂砾岩-粉砂岩-泥岩组合,泾川组(K_1jc)湖泊泥岩、粉砂岩建造组合,东胜组(K_1ds)河流砂砾岩-粉砂岩-泥岩组合,庙沟组(K_1mg)河流砂砾岩、砂岩、泥岩组合,巴音戈壁组(K_1by)河湖相砂砾岩、砂岩、泥岩组合,苏红图组(K_1s)陆内裂谷碱性、中基性火山岩夹碎屑岩组合以及赤金堡组(K_1c)陆内坳陷盆地湖泊泥岩-粉砂岩组合。

早白垩世侵入岩主要分布于内蒙古东部,包括陆缘弧环境TTG组合(少量GG组合)、陆缘裂谷碱性—钙碱性花岗岩组合和后造山碱性—钙碱性花岗岩组合。

早白垩世陆缘弧TTG-GG组合侵入岩主要分布于内蒙古东部,主体为花岗闪长岩-花岗岩(GG)组合,岩性包括花岗闪长(斑)岩、闪长岩、闪长玢岩、石英二长(斑)岩、(斑状)石英二长闪长岩、奥长花岗岩、(斑状)二长花岗岩、花岗岩等,北部局部出现奥长花岗岩,构成类TTG组合,岩石为高钾钙碱系列、壳幔混合源,大地构造环境为活动大陆边缘弧;陆缘裂谷侵入岩分布于内蒙古东部,为碱性—钙碱性花岗岩组合,岩性包括石英正长(斑)岩、正长岩、花岗斑岩、正长花岗岩、晶洞花岗岩等,岩石多为高钾钙碱系列、A型、后造山花岗岩,大地构造环境为陆缘裂谷环境;后造山侵入岩分布于内蒙古西部,为碱性—钙碱性花岗岩组合,岩性包括花岗岩、斑状黑云母二长花岗岩、碱长花岗岩和二长花岗岩等。由于远离古太平洋俯冲带，判断大地构造环境为后造山。

早白垩世晚期，构造应力场回返，转变为北西(305°±)-南东相挤压，反映出古太平洋板块俯冲碰撞消失。造成近东西向与北西向共轭张剪性断裂活动，岩浆上侵形成少量岩株和大量岩脉，热液活动形成近东西向和北西向多金属矿脉。

（六）晚白垩世后造山阶段

晚白垩世的区域构造应力场与早白垩世晚期的正好相反，为北东(35°±)-南西向挤压，该期西南特提斯板块向北东向的挤压则占主导地位，在该区则表现为北北东向和北东东向断裂发生共轭张扭性活动，断裂活动造成多地地壳差异性升降运动，形成了大量大规模的受北北东向和北东东向共轭断裂控制的断陷盆地、断隆，局部有少量的后造山环境火山和侵入活动。

在内蒙古西部哈日博日格弧盆系之中发育晚白垩世盆地，沉积了上白垩统乌兰苏海组(K_2w)湖泊三角洲砂砾岩组合；在阴山以北川井至满都拉一带的晚白垩世盆地、二连晚白垩世盆地、那仁宝拉格苏木以东晚白垩世盆地和海拉尔断陷盆地之中沉积了上白垩统二连组(K_2e)河湖砂砾岩-粉砂岩-泥岩组合；在内蒙古东部造成松辽盆地进一步断陷沉降，地表多被第四系覆盖；在内蒙古东南部造成喀喇沁断隆的进一步隆升和盆地的进一步下沉，并形成了孙家湾组红层沉积。

火山岩只有在多希—孤山镇一带出露孤山镇组(K_2g)和多希玄武岩(K_2d)后造山环境碱性玄武岩-流纹岩组合。

晚白垩世侵入岩只在内蒙古东北部西乌珠尔苏木—大北沟林场一带出露后造山碱性花岗岩组合以及内蒙古南部清水河以北西出露小范围的斑霞正长岩。再者，遍布全区的岩脉很大部分为晚白垩世侵入。碱性花岗岩组合岩性为碱性花岗岩、花岗斑岩和钠闪花岗岩，综合判断大地构造环境为后造山。

二、古近纪—第四纪构造旋回特征

古近纪—第四纪构造旋回为稳定陆块环境，除分布一些沉降盆地外，主要出露大陆溢流玄武岩。

新生代沉积岩主要为湖泊泥岩-粉砂岩组合、湖泊三角洲砂砾岩-泥岩组合、河流砂砾岩-粉砂岩-泥岩组合、湖泊含砾粗砂岩-砂质泥岩组合。

火山岩皆为稳定陆块大陆溢流玄武岩，包括中新统汉诺坝组(N_1hl)玄武岩、橄榄玄武岩，上新统五岔沟组(N_2wc)橄榄玄武岩，上更新统大黑沟组(Qp^3d)橄榄玄武岩、阿巴嘎组(Qp^3a)橄榄玄武岩。TAS图解主要为玄武岩、粗面玄武岩、粗安岩、碧玄岩，为碱性系列、大陆溢流玄武岩。

第七章 结语

以《全国矿产资源潜力评价技术要求》为指导，以板块构造学理论为主线，以全面收集前人区域地质矿产调查资料、文献、专题报告为基础，以给矿产研究和成矿预测提供地质及大地构造背景资料为目的，以计算机及各类软件等新技术为手段，在编绘了内蒙古自治区1∶50万大地构造图以及编写了《内蒙古自治区成矿地质背景研究报告》和《内蒙古自治区东部大地构造》专著的基础上，自2013年8月开始至2014年12月结束，编制了《1∶150万内蒙古自治区大地构造图》，编写了此说明书。

一、主要研究成果

（1）按照板块构造理论重新厘定了内蒙古自治区大地构造分区，将内蒙古自治区划分为4个一级、10个二级和29个三级大地构造单元。

（2）从残留的俯冲增生杂岩分布规律以及俯冲岩浆效应双重角度，分析和厘定了古亚洲洋（及古太平洋）在不同时期的演化特征和发育位置。

（3）推断古亚洲洋主体位于东乌珠穆沁旗-多宝山岛弧与敖仑尚达-翁牛特旗岩浆弧之间，其中达青牧场俯冲带以北为早期古亚洲洋，达青牧场俯冲带到西拉木伦俯冲带为晚期古亚洲洋。早期古亚洲洋形成于中元古代或者之前，在经历了新元古代早期、奥陶纪、中泥盆世晚期和晚石炭世早期向北西俯冲演化过程后基本转化成陆，并形成了贺根山-扎兰屯俯冲增生杂岩带和锡林浩特俯冲增生杂岩带；晚期古亚洲洋于晚石炭世中期—早二叠世大幅度扩张拓宽，于早二叠世末期—中二叠世收缩双向俯冲-碰撞-后碰撞，在中三叠世中晚期最终碰撞褶皱造山成陆。认为索伦山-林西结合带是古亚洲洋最终闭合位置。

（4）推断古亚洲洋两侧分布发育次级微大洋，其中东乌珠穆沁旗-多宝山岛弧与额尔古纳岛弧之间为海拉尔小洋盆，敖仑尚达-翁牛特旗岩浆弧与华北陆块区之间为华北陆块区北侧小洋盆。海拉尔小洋盆其初始裂开于中元古代，其在新元古代早期向北西额尔古纳岛弧之下俯冲，奥陶纪早期由于贺根山-扎兰屯一带古亚洲洋俯冲后致使其在奥陶纪转化为弧后盆地，志留纪—中泥盆世为俯冲后伸展浅海环境，晚泥盆世再次为弧后盆地，早石炭世拉张伸展沉降，晚石炭世早期，弧后盆地收缩，盆地两侧双向俯冲，并最终挤压碰撞，于晚石炭世基本成陆。华北陆块区北侧小洋盆形成于中元古代陆缘裂谷—小洋盆，其与古亚洲洋之间存在基底杂岩（宝音图群），两洋之间可能被隔开，亦可能为相连的多岛洋。根据残留的俯冲增生杂岩以及俯冲带上盘发育的岛弧-陆缘弧性质的岩浆建造特征，反映出小洋壳分别在新元古代早期、奥陶纪早期、中泥盆世晚期和晚石炭世早期向南俯冲，并形成了温都尔庙-套苏沟俯冲增生杂岩带，其与贺根山-扎兰屯俯冲增生杂岩带—南—北具有可对比性。

（5）根据内蒙古中东部晚三叠世至早白垩世岩浆活动特征以及构造变质事件判断，古太平洋俯冲碰撞活动主要发生在中三叠世中晚期、中侏罗世末期和早白垩世晚期。与此相对应的3条俯冲带分别是发育在研究区东侧的太平沟-依兰-穆棱俯冲增生杂岩带、饶河俯冲增生杂岩带以及日本海沟俯冲带。太平沟-依兰-穆棱俯冲增生杂岩带位于黑龙江省佳木斯-兴凯地块与小兴安岭-张广才岭弧盆系之间，该带初始裂开于晚志留世—早中泥盆世，并逐渐发展为洋壳（暂称为依兰洋盆），在中三叠世发生俯冲-碰撞事件，形成蓝闪片岩增生杂岩带，推测该俯冲带是造成内蒙古中东部晚三叠世初始岩浆弧的成生原因。饶河俯冲增生杂岩带出露在黑龙江省东北部，其在古生代前后为宽广的大洋，在中侏罗世末期由赤道附近向北迅速漂移，并发生了大规模俯冲和初级碰撞，在早白垩世末期碰撞褶皱造山，既该俯冲带是造成大兴安岭晚侏罗世—早白垩世岩浆弧的主要原因。日本海沟形成于早白垩世末期古太平洋的俯冲，这与饶河俯冲带碰撞的时间一致，反映出前面俯冲带的碰撞造山，造成后面跟随的大洋板块发生新的俯冲，其造成了阿留申、千岛和日本岛弧链发育。

（6）根据板块构造成矿理论将内蒙古矿床划分了3种成矿类型共8条成矿带，其中岩浆弧型4条带，俯冲增生-残余海盆型2条带，陆块区-古裂谷型2条带。从板块俯冲成矿作用、板块碰撞成矿作用和板块伸展成矿作用对研究区内矿产进行了分类研究。

（7）根据地质建造和地质构造综合研究，将内蒙古板块构造活动分为3个演化阶段：①前南华纪古陆壳和古亚洲洋形成阶段；②南华纪至中三叠世古亚洲洋演化消亡成陆阶段；③晚三叠世以来陆内演化（或古太平洋俯冲造成中国东部造山-裂谷系）阶段。

二、主要问题说明

(一)地质建造时代归属

(1)古太古界的兴和岩群,中太古界的雅布赖山岩群($Ar_2Y.$)、千里山岩群 $Ar_2Q.$)和集宁岩群($Ar_3J.$),近年来根据新的同位素年代学研究方法(如锆石 SHRIMP 法)获得的年龄时代较晚,为新太古代至古元古代,本说明书仍然按照传统划分未作修改。

(2)白音高老组(J_3b)酸性火山岩组合同位素年龄大多在130多百万年,按照国际地层委员会2008年公布的"国际地层表"中145.5Ma 作为侏罗纪与白垩纪分界时限,白音高老组应划入下白垩统,本说明书仍然按照传统划分未作修改。

(3)本次编图将一些侵入岩年代进行了修正,如镶黄旗-敖汉旗陆缘弧中东部出露的岛弧-陆缘弧性质的英云闪长岩、花岗闪长岩等 TTG 组合原划为中泥盆世,与区域上陆缘裂谷-大洋伸展环境相矛盾,根据测得锆石 SHRIMP U-Pb 同位素年龄 374Ma 修正为晚泥盆世;再如阿拉善右旗基底杂岩带之中的大量岛弧-陆缘弧环境 TTG 组合侵入岩原归属志留纪,没有确切的根据,与志留纪主体为陆缘裂谷-大洋伸展环境相矛盾,参考1:25万达里克庙幅建造构造图该岩石组合的 K-Ar 同位素年龄(365Ma),在确定与周围接触地质体不矛盾的情况下,一致划归晚泥盆世。

(4)根据最新确切同位素年龄,本文将锡林郭勒杂岩、扎兰屯杂岩等皆归属到变质增生杂岩类。变质增生杂岩为大洋俯冲消减形成增生楔,不同时代、各种类型岩石逆冲混杂叠加在一起成为构造混杂岩(俯冲增生杂岩);在后期经历上覆沉积沉降、高温变质,杂岩片岩、片麻岩化,局部地段熔融混合岩化,形成混合花岗岩、混合岩,在最后造山过程中遭受挤压变形变质(或退变质)最终形成变质增生杂岩体。由于该类岩石变质程度往往偏高,前人多将其归入前南华纪地质体。变质增生杂岩的确立,重新认识和修正了造山带之中的一些角闪-绿片岩相变质杂岩的时代归属和大地构造意义。

(二)意见和建议的答复及探讨

2014年夏初稿完成后,笔者亲自送给潘桂棠老师并托人捎给内蒙古自治区地质调查院邵济东总工程师进行审阅。

潘老师审阅后,当面以及在后续的电话中提出了许多意见和建议,如一些重大分区边界问题和一些大地构造理论等问题,笔者按照潘老师的指导不断地进行了修改。

邵济东总工程师在百忙之中进行了审阅并写了书面意见和建议(32K 纸19页)——总体认为本"大地构造图"和"说明书""采用板块构造学术观点对内蒙古大地构造和大地构造单元进行了全新的划分,符合当前的认识和划分理念,可以说是一项很好的重大成果,但也确实存在一些问题,应该进一步审核修改"。笔者对照意见进行了修改,减少了一些错误,增加了对一些对关键问题的思考。下面就提出的重要问题进行说明:

(1)建议"构造单元的命名,要选取本区内有知名度的地理名称或山系"。

答复:本分区主体采纳了这一建议,但是并不完全,如一些大的分区名称,如"天山-兴蒙造山带""华北陆块区""塔里木陆块区""秦祁昆造山系""敦煌陆块"等继续沿用学术界常用的命名。再如"漠河前陆盆地""柳园裂谷""走廊弧后盆地"等,由于这些单元在内蒙古出露范围相对较小,主体在邻省,因此直接沿用了全国或邻省的研究成果命名。

(2)"造山带中构造单元的划分,没有考虑古陆块的分割影响因素"。

答复:本大地构造单元划分是按照板块构造理论,以大地构造相研究为基础,以古板块边界(俯冲增生杂岩带、蛇绿混杂岩、构造混杂岩等)和重要断层带为边界,并结合俯冲岩浆效应划分的。古陆块在弧盆系中一般是岛弧或陆缘弧基底,尽管基底两侧可能发育不同类型的沉积建造,但也只是说明其两侧地表盆地环境有所不同,尽管有影响,但并不能作为构造单元划分的标准。

(3)"阿尔金断裂,阿尔金不在内蒙古,建议改为恩格尔乌苏断裂带(蛇绿混杂岩带)"。

答复:仍然借用"阿尔金断裂"。"阿尔金断裂"是学术界常用的名称,指"青藏高原西北边缘的一条自然边界",其北东东向延伸到内蒙古境内并大多被沙漠覆盖。狭义的阿尔金断裂带指中新生代受青藏高原相对向北东运动,造成该青藏高原北西界发生了大规模左行平移运动而产生的构造形迹。无论从地质年代上还是大地构造位置上,与古亚洲洋俯冲造成的恩格尔乌苏蛇绿混杂岩没有直接关系。

(4)关于北山弧盆系—敦煌陆块、哈日博日格弧盆系—阿拉善陆块、大兴安岭弧盆系—索伦-扎鲁特旗结合带—温都尔庙弧盆系—华北陆块区的对应关系问题。

探讨:①哈日博日格弧盆系—阿拉善陆块与索伦-扎鲁特旗结合带—温都尔庙弧盆系—华北陆块区之间为北北东向展布的吉兰泰断裂带,断裂带主体左行错动但断距不大。从断裂带两侧陆块区到岩浆弧以及俯冲增生杂岩带的分布来看是可以对应的——恩格尔乌苏俯冲带与西拉木伦俯冲带相对应;巴彦毛道岩浆弧与温都尔庙弧盆系相对应,只是在巴彦毛道岩浆弧之中可能还存在一条没有画出的、与温都尔庙-套苏沟俯冲增生杂岩带相对应的俯冲带。笔者认为,根据对应关系把阿拉善陆块归属华北陆块区更合理,而现据华北大区及全国的分区划到塔里木陆块区还值得探讨。②北山弧盆系—敦煌陆块与哈日博日格弧盆系—阿拉善陆块以及与大兴安岭弧盆系—华北陆块区之间被阿尔金断裂带分割,由于阿尔金断裂左行水平断距达400km 左右(任收麦等,2003),因此推测狼头山-杭乌拉俯冲增生杂岩带与贺根山-扎兰屯俯冲增生杂岩带可能为同一条俯冲带,那么塔里木盆地究竟是陆块区,还是干涸的古亚洲洋残余盆地而与林西残余盆地相对应,这的确是值得进一步探讨的问题。

(5)"建平岩群出露在温都尔庙弧盆系镶黄旗-敖汉旗陆缘弧之中"的问题。

答复:镶黄旗-敖汉旗陆缘弧,既然是陆缘弧,其基底建造与华北陆块区基底建造一样而出露新太古宙变质岩应该不是问题。

（6）"洋壳性质的桑达来呼都格组和哈尔哈达组，从岩石组合来看，不应该是洋壳，洋壳的标志是什么？"应明确。

答复：完整的洋壳标志是具有三位一体的"蛇绿岩套"。"蛇绿岩套"从下到上由上地幔岩石（超基性岩、堆晶杂岩、席状基性岩墙）—海底喷发基性岩（细碧岩、枕状熔岩）—深海沉积岩（硅质岩、碧玉岩、硅铁质碳酸盐岩）构成。在《内蒙古自治区岩石地层》一书中，总结中元古界桑达来呼都格组为"一套原岩以（枕状）拉斑玄武岩、基性火山岩为主的绿色片岩组合，局部发育硅铁质碳酸盐岩透镜体及辉长岩等"，基本具备洋壳上部的二元半结构，尽管没有包括超基性岩，但是在桑达来呼都格组出露的地带基本都有蛇绿岩伴生。而哈尔哈达组位于桑达来呼都格组之上，为一套陆棚-深海沉积，往往与桑达来呼都格组相伴出露。而且从出露规律上看，桑达来呼都格组皆出露于俯冲增生杂岩带范围内，无疑属于残余洋壳性质。

（7）"寒武纪为相对稳定的陆缘裂谷环境……都是裂谷环境吗？裂谷的标志是什么？"

答复：从字面上理解"陆缘裂谷"包含两重含义：一是大地构造位置为大陆边缘或者将成为大陆边缘的洋陆之间过渡带；二是大地构造环境为伸展拉张。寒武纪在天山-兴蒙造山系内蒙古境内没有岩浆活动，构造环境相对稳定，沉积岩出露很少，除锦山组出露在华北陆块区边界带上外，其他地层皆出露在俯冲增生杂岩带或构造混杂岩带边部，以滨浅海相细碎屑岩、灰岩为主。

寒武纪介于南华纪早期俯冲后造成的岩浆弧环境之后与奥陶纪再次俯冲碰撞之前的陆缘裂谷后期，构造环境相对稳定。

判断"大地构造环境"是否为"裂谷"需要从该时期发育的各种地质建造和地质构造以及地质构造演化历史三维综合分析。"裂谷"环境下可以发育沉积岩（从滨浅海到中深海或者湖），也可以发育双峰式—过碱性—碱性火山岩或侵入岩，关键是这一时期的各种地质建造和地质构造相互印证、补充，反映出相同的大地构造环境，并且符合板块构造演化规律。

（8）"索伦山与西拉木伦俯冲带连接有误！这样连接就造成了南北两侧均为上石炭统本巴图组、阿木山组、中二叠统大石寨组和哲斯组等同一套地层"。

答复：参见前述"（2）"，索伦山-西拉木伦俯冲带形成于早二叠世末期—中二叠世早期，在晚石炭世此俯冲带还不存在，该期同一个组的沉积地层出露在俯冲带及其两侧是没问题的。而中二叠世该俯冲带以北沉积了大石寨组、哲斯组以及包格特组，以南沉积了额里图组和于家北沟组。

（9）关于"大石寨组"同时出露在残余海盆与岛弧之中以及岩浆弧成因等问题。

答复：参见在前文第三章/第二节/十/（二）中做的解释。笔者认为，板块俯冲与岛弧或陆缘弧岩浆活动是有时间差的，岛弧或陆缘弧岩浆活动发生于挤压俯冲碰撞一段时间之后的应力回返早期，此时，在西伯利亚和华北两个大陆相聚初级碰撞后，残余海盆、弧前、弧上和弧后盆地皆表现为应力松弛，在残余海盆及其两侧岩浆弧和盆地中会有不同岩石组合的火山喷发，而岛弧-陆缘弧型岩浆侵入则不会出露在残余盆地，只能发育在俯冲带的两侧（参见图3-13）。

三、致 谢

自2008年参加"全国矿产资源潜力评价——内蒙古成矿地质背景研究"项目以来，得到了全国项目办专家的技术指导，并且得到了李锦轶、潘桂棠、肖庆辉、陆松年、邓晋福、冯艳芳等专家亲临野外指导，为此表示衷心感谢；感谢内蒙古自治区国土资源厅和内蒙古自治区地质调查院领导给予本项目的大力支持；感谢内蒙古自治区地质勘查院吴之理、朱绅玉、曹生儒等地质专家们这些年的支持和帮助；感谢我院张忠、朱慧忠、赵胜金提出的宝贵意见；对验收组专家特别是潘桂棠先生和邵济东先生百忙之中审阅此书并提出了很多宝贵意见表示诚挚的谢意！

主要参考文献

曹从周,杨芳林,田昌裂,等.内蒙古贺根山地区蛇绿岩及中朝板块和西伯利亚板块之间的缝合带位置[M]//中国北方板块构造论文集编委会.中国北方板块构造论文集.北京:地质出版社,1986.

陈爱根,吴正文.闽西地区逆冲推覆构造格局及演化[J].中国区域地质,1996(4):335-343.

崔玲玲.阿尔金断裂系参照地质体的对比和位移量的认识[J].吉林地质,2010,29(1):21-25.

董春艳,刘敦一,李俊杰,等.华北克拉通西部孔兹岩带形成时代新证据:巴彦乌拉山-贺兰山地区锆石 SHRIMP 定年和 Hf 同位素组成[J].科学通报,2007,52(16):1913-1922.

董春艳,刘敦一,万渝胜,等.大青山地区古元古代壳源碳酸盐:锆石特征及 SHRIMP 定年[J].地质学报,2009,83(3):388-398.

都城秋穗.变质作用与变质带[M].周云生译.北京:地质出版社,1979.

杜海涛,韩湘峰,鲍玖利.新林蛇绿岩的成因类型与形成时代探讨[J].黑龙江科技信息,2013(3):41.

方曙,鞠文信,张亚盾.内蒙古东南部中生代区域构造应力场的多次转换及动力机制探讨[J].地质力学学报,2002,8(1):26-34.

方曙,王永祥,李立新.大兴安岭东南部太平山地区断裂控矿作用及控矿应力场[J].矿床地质,2004,23(1):107-114.

方曙,张忠,于海洋,等.内蒙古东部大地构造[M].北京:地质出版社,2013.

高军平,王廷印,王金荣.内蒙古黑格尔乌苏蛇绿混杂岩特征[M]//张旗.蛇绿岩与地球动力学.北京:地质出版社,1996.

葛文春,林强,孙德有,等.大兴安岭中生代玄武岩的地球化学特征:壳幔相互作用的证据[J].岩石学报,1999,15(3):396-407.

葛肖虹,刘永江,任收麦,等.对阿尔金断裂科学问题的再认识[J].地质科学,2001,36(3):319-325.

耿元生,王新社,沈其韩,等.内蒙古阿拉善地区前寒武纪变质基底阿拉善群的再厘定[J].中国地质,2006,33(1):138-145.

耿元生,王新社,沈其韩,等.内蒙古阿拉善地区前寒武纪变质岩系形成时代的初步研究[J].中国地质,2007,34(2):251-261.

郝旭,徐备.内蒙古锡林浩特锡林郭勒杂岩的原岩年代和变质年代[J].地质论评,1997,43(1):101-105.

和政军,李锦轶,莫申国,等.漠河前陆盆地砂岩岩石地球化学的构造背景和物源区分析[J].中国科学(D辑),2003,33(12):1219-1226.

和政军,刘淑文,任纪舜,等.内蒙古林西地区晚二叠世—早三叠世沉积演化及构造背景[J].中国区域地质,1997(4):403-409.

贺宏云,宝音乌力吉,杨建军.内蒙古贺根山蛇绿岩地球化学特征及其成因[J].西部资源,2011(03):93-96.

胡道功,李洪文,刘旭光,等.大兴安岭吉峰科马提岩 Sm-Nd 等时线年龄测定[J].地球学报,2003,24(5):405-408.

胡道功,谭成轩,张海.内蒙古阿里河地区中元古代蛇绿岩[J].中国区域地质,1995(4):335-353.

胡道功,郑庆道,傅俊域,等.大兴安岭吉峰科马提岩地质地球化学特征[J].地质力学学报,2001,7(2):111-115.

黄本宏.内蒙古昭乌达盟晚二叠世地层及植物化石[J].地层古生物论文集,1987(17):214-226.

黄金香,赵志丹,张宏飞,等.内蒙古温都尔庙和巴彦敖包-交其尔蛇绿岩的元素与同位素地球化学:对古亚洲洋东部地幔域特征的限制[J].岩石学报,2006,22(12):2889-2900.

李锦轶,高立明,孙桂华,等.内蒙古东部双井子中三叠世同碰撞壳源花岗岩的确定及其对西伯利亚与中朝古板块碰撞时限的约束[J].岩石学报,2007,23(3):565-582.

李锦轶.内蒙古东部中朝板块与西伯利亚板块之间古缝合带的初步研究[J].科学通报,1986,31(14):1093-1096.

李俊杰,沈保丰,李惠民,等.内蒙古西部巴彦乌拉山地区花岗闪长质片麻岩的单颗粒锆石 U-Pb 法年龄[J].地质通报,2004,23(12):1243-1245.

李朋武,高锐,管烨,等.内蒙古中部索伦-林西缝合带封闭时代的古地磁分析[J].吉林大学学报(地球科学版),2006,36(5):744-758.

李瑞山.新林蛇绿岩[J].黑龙江地质,1991,2(1):19-32.

李益龙,周汉文,葛梦春,等.内蒙古林西县双井片岩北缘混合岩 LA-ICPMS 锆石 U-Pb 年龄[J].矿物岩石,2008,28(2):10-16.

刘建峰,迟效国,张兴洲,等.内蒙古西乌旗南部石炭纪石英闪长岩地球化学特征及其构造意义[J].地质学报,2009,83(3):365-376.

苗来成,范蔚茗,张福勤,等.小兴安岭西北部新开岭-科洛杂岩锆石 SHRIMP 年代学研究及其意义[J].科学通报,2003,48(22):2315-2323.

苗来成,刘敦一,张福勤,等.大兴安岭韩家园子和新林地区兴华渡口群和扎兰屯群锆石 SHRIMP U-

Pb 年龄[J].科学通报,2007,52(5):591-601.

内蒙古自治区地质矿产局.内蒙古自治区区域地质志[M].北京:地质出版社,1991.

内蒙古自治区地质矿产局.全国地层多重划分对比研究(15)、内蒙古自治区岩石地层[M].武汉:中国地质大学出版社,1996.

聂凤军,许东青,江思宏,等.苏-查萤石矿区钾长花岗岩锆石 SHRIMP 年龄及其地质意义[J].地球学报,2009,30(06):803-811.

潘桂棠,肖庆辉,陆松年,等.大地构造相的定义、划分、特征及鉴别标志[J].地质通报,2008,27(10):1613-1637.

彭振安,李红红,张诗启,等.内蒙古北山地区小狐狸山钼矿成矿岩体地球化学特征研究[J].地质与勘探,2010,46(02):291-298.

任麦收,葛肖虹,刘永江.阿尔金断裂带研究进展[J].地球科学进展,2003,218(3):386-391.

邵济安,张履桥,牟保磊,等.大兴安岭的隆起与地球动力学背景[M].北京:地质出版社,2007.

邵济安.中朝板块北缘中段地壳演化[M].北京:北京大学出版社,1991.

施光海,刘敦一,张福勤,等.中国内蒙古锡林郭勒杂岩 SHRIMP 锆石 U-Pb 年代学及意义[J].科学通报,2003,48(20):2187-2192.

孙立新,任邦方,赵凤清,等.内蒙古锡林浩特地块中元古代花岗片麻岩的锆石 U-Pb 年龄和 Hf 同位素特征[J].地质通报,2013,32(2):327-340.

唐克东,张允平.内蒙古缝合带的构造演化[M]//肖序常,汤耀庆.古中亚复合巨型缝合带南缘构造演化.北京:科学技术出版社,1991.

田东江,周建波,郑常青,等.完达山造山带蛇绿混杂岩中变质基性岩的地球化学特征及其地质意义[J].矿物岩石,2006,26(3):64-70.

万渝生,耿元生,刘福来,等.华北克拉通及邻区孔兹岩系的时代及对太古宙基底组成的制约[J].前寒武纪研究进展,2000,23(4):221-237.

王长明,张寿庭,邓军.内蒙古大井锡多金属矿床喷流沉积成因的地球化学证据[J].现代地质,2007,21(增刊):6-11.

王长明,张寿庭,邓军,等.内蒙古黄岗梁锡铁多金属矿床层状矽卡岩的喷流沉积成因[J].岩石矿物学杂志,2007,26(5):409-417.

王金荣,宋春晖,高军平,等.阿拉善北部恩格尔乌苏蛇绿混杂岩的形成机制[J].兰州大学学报,1995,31(2):140-146.

王荃.内蒙古中部中朝与西伯利亚古板块间缝合线的确定[J].地质学报,1986,1:31-43.

王善辉,陈岳龙,李大鹏.锡林浩特杂岩中斜长角闪岩锆石 U-Pb 年代学及 Hf 同位素研究[J].现代地质,2012,26(5):1019-1027.

吴昌华,孙敏,李惠民,等.乌拉山-集宁孔兹岩锆石激光探针等离子质谱(LA-ICPMS)年龄——孔兹岩沉积时限的年代学研究[J].岩石学报,2006,22(11):2639-2654.

徐备,陈斌,邵济安.内蒙古锡林郭勒杂岩 Sm-Nd,Rb-Sr 同位素年代研究[J].科学通报,1996,41(2):153-155.

许志琴,杨经绥.阿尔金断裂两侧构造单元的对比及岩石圈剪切机制[J].地质学报,1999,73(3):193-205.

薛怀民,郭利军,侯增谦,等.中亚-蒙古造山带东段的锡林郭勒杂岩:早华力西期造山作用的产物而非古老陆块?——锆石 SHRIMP U-Pb 年代学证据[J].岩石学报,2009,25(8):2001-2010.

阎月华,翟明国,郭敬辉,等.华北地台太古代麻粒岩相带的堇青石-矽线石组合:低压麻粒岩相的标志[J],岩石学报,1991,7(4):46-56.

杨振德,潘行适,杨易福.阿拉善断块及邻区地质构造特征与矿产[M].北京:科学出版社,1988.

叶天竺,张智勇,肖庆辉,等.成矿地质背景研究技术要求[M].北京:地质出版社,2010.

曾庆栋,刘建明,贾长顺,等.内蒙古赤峰市白音诺尔铅锌矿沉积喷流成因:地质和硫同位素证据[J].吉林大学学报(地球科学版),2007,37(4):659-667.

张臣,吴泰然.内蒙古温都尔庙群变质基性火山岩 Sm-Nd,Rb-Sr 同位素年代研究[J].地质科学,1998,33(1):25-30.

张万益,聂凤军,江思宏,等.内蒙古查干敖包石英闪长岩锆石 SHRIMP U-Pb 年龄及其地质意义[J].岩石矿物学杂志,2008,27(3):177-184.

赵光,朱永峰,张勇.内蒙古锡林郭勒杂岩岩石学特征及其变质作用的 $p-t$ 条件[J].岩石矿物学杂志,2002,21(1):40-48.

赵省民,聂凤军,江思宏,等.内蒙古东七一山萤石矿床的稀土元素地球化学特征及成因[J].矿床地质,2002,21(3):311-316.

周志广,谷永昌,柳长峰,等.内蒙古东乌珠穆沁旗满都胡宝拉格地区早—中二叠世华夏植物群的发现及地质意义[J].地质通报,2010,29(1):21-25.

朱绅玉.内蒙古色尔腾山-大青山地区推覆构造[J].内蒙古地质,1997(1):41-47.

朱永峰,孙世华,毛骞,等.内蒙古锡林格勒杂岩的地球化学研究:从 Rodinia 聚合到古亚洲洋闭合后碰撞造山的历史记录[J].高校地质学报,2004,10(3):343-355.